韩式毛衣特辑

张　翠　主编
朴智贤　审编

辽宁科学技术出版社
·沈阳·

陆 希　刘 丽　萍 儿　傈 傈　夜猫子　王日红　丝缕梦　蔡毅娜　心灵印记　乐玲丽

刘丹丹
敏敏翠翠
雪山飞狐
qiaorui
田 蜜
猪猪妈

杨丽燕　丁淑华　刘学琴　Liwenhui　刘淑琴　林海雪原　周玲燕　廖 静　肖玉琼

摄影师：陈健强　魏玉明
化妆师：伽 琪　雅 苏
模　特：王真真　郭 晨　李 颖　萧 苒

图书在版编目（CIP）数据

韩式毛衣特辑 / 张翠主编；朴智贤审编.—沈阳：辽宁科学
技术出版社，2011.8
　ISBN 978-7-5381-6887-7

　Ⅰ.①韩… Ⅱ.①张… ②朴… Ⅲ.①绒线–服装–编织–图集
Ⅳ.①TS941.763-64

　中国版本图书馆CIP数据核字（2011）第 039292 号

出版发行：辽宁科学技术出版社
　　　　　（地址：沈阳市和平区十一纬路29号　邮编：110003）
印 刷 者：辽宁彩色图文印刷有限公司
经 销 者：各地新华书店
幅面尺寸：210mm×285mm
印　张：15.25
字　数：400千字
印　数：1~5000
出版时间：2011年8月第1版
印刷时间：2011年8月第1次印刷
责任编辑：赵敏超
封面设计：辛晓习
版式设计：颖　溢
责任校对：李淑敏

书　　号：ISBN 978-7-5381-6887-7
定　　价：39.80元

投稿热线：024-23284367　473074036@qq.com
邮购热线：024-23284502
http：// www.lnkj.com.cn
本书网址：www.lnkj.cn/uri.sh/6887

目录

棒针针法符号

下针

上针

空针

扭针

上针的扭针

右上2针并1针

上针右上2针并1针

上针左上3针并1针

右上4针并1针

左上4针并1针

右上5针并1针

左上5针并1针

右加针

上针右加针

左上2针并1针

上针左上2针并1针

中上3针并1针

上针中上3针并1针

右上3针并1针

左上3针并1针

左加针

上针左加针

1针编出3针的加针（下挂下）

1针编出3针的加针（上挂上）

1针编出3针的加针（上挂上）

左上3针并1针再编出3针的加针

3针，2行的节编织

钩针针法符号

锁针（辫子针）

短针

引针

长针

中长针

长长针

长针行

长长针行

中长针行

3个卷曲长针行

4个卷曲长针行

狗牙针

狗牙拉针

七宝针

扭转短针（逆短针）

短针的条纹针

中长针的条纹针

长针的条纹针

长长针行

中长针3针的枣形针

中长针3针的集成束的枣形针

变化的中长针3针枣形针

集成束的中长针3针枣形针

拉出的立针处钩织中长针3针枣形针

长针2针的枣形针

长针3针的枣形针

长针4针的枣形针

长针5针的枣形针

长长针3针的枣形针

中长针5针的圆锥针

长针5针的圆锥针

长长针5针的圆锥针

短针2针并1针

短针3针并1针

中长针2针并1针

中长针3针并1针

长针2针并1针

长针3针并1针

长针2针并1针

长针4针并1针

长针5针并1针

长针2针的枣形针2针并1针

长针3针的枣形针2针并1针

1针加成2针短针

1针加成2针短针

1针加成3针短针

中长针1针加成2针

中长针1针加成3针

长针1针加成2针

长针1针加成3针

1束中分3针长针

1针分2针长针（辫子针1针在内）

1针分2针长针（辫子针3针在内）

长针1针加成4针

长针1针加成3针

1针分5针长针（松钩）

甜蜜宽松背心

编织图解见095页

宽松的毛衣下面不适合搭配宽松的裤子或者裙子，所以搭配瘦身的牛仔裤是不错的选择。再配上帽子、手提包和项链，时尚气息扑面而来！

普通的日子里，人们穿毛衣的目的除了保暖外，还讲求扮美。在休闲的日子里，与朋友一起出行，夸张或不合潮流的装扮都会失去亲和力，此时，毛衣便可派上用场，令你靓丽而亲近。

运用宽松的造型营造出春日的飘逸轻盈感觉，内搭黑色的打底衣，再加上下摆处的不同色彩变化，呈现出清甜柔美的窈窕淑女形象。

搭配提示：

注入时尚元素
突显潮流风范

翻领时尚
针织衫

编织图解见096页

黑色毛衣与黑色帽子是搭配的经典色，帽子的装饰感很好，与黑色的毛衣、文静的搭包相映成辉。

翻领为交叉式，是这件衣服的亮点之一，乍一看，呈现的是V字的形状，起到小脸的效果。

两侧的扭花纹仿佛是流苏一般，自然地沿着衣缝下垂，给这件衣服增加了几分温柔可人的感觉。

搭配提示：

黑色元素的加入突显高贵气质

圆领甜美
针织衫

效仿法国新古典主义式的橙色针织衫，突出了女性胸部，下部的镂空花纹提高了纯情度，裸露的双臂更让你多了些性感。

甜美的短版外套，穿出时尚杂志的品位，一丝系带缀成蝴蝶结，勾勒出独特的唯美视觉。

编织图解见097页

搭配提示：

休闲风格的针织衫，简单搭配牛仔裤就能制造出优雅率性的年轻女孩风格喔！

无论搭配什么衣服都好看，呈现出春天浪漫、俏丽的可爱风格。

搭配提示：

搭配围巾注入时尚元素

黑色短袖小外套、黑色打底衣，上半身全黑色显得利落又性感。搭配怀旧感觉的牛仔裤，加入一分休闲的气息。

一条黑白相间的简单围巾，搭配黑色的毛衣，不但修饰了毛衣的美丽，也提升了整体的时尚感。

编织图解见088页

深秋的午后，我喜欢坐在阳台上，暖暖的阳光从敞开的窗户透过来，照在身上，暖洋洋的，空气中散发着阳光的香味。泡一杯最喜欢的绿茶，打着一件还未完工的毛衣。

气质休闲
小外套

个性蝙蝠袖外套

编织图解见091页

毛衣的时尚设计和新颖材质层出不穷，且更具流行度。毛衣早已不是传统印象中的只有保暖功能这个普通意义的毛衣了。那么还等什么呢？赶快披挂身上，融入这股温暖的时尚潮流中吧！

衣袖没有特意设计成短袖或者长袖，随意地收拢起来，两只白皙的手臂也随意地由里面伸出来，给人不经意的妩媚感。

领子是由圆形领加一字领组成的，让看到的人很好奇是如何设计的，同样吸引人的眼球哦~

高腰时尚小外套

灰色毛衣，内搭黑色打底衣，下配牛仔裤，集运动、休闲、随意、时尚于一身！

秋季必穿的时尚小外套，运用了特别的高腰式剪裁，密实的针法很保暖，肩部的大扭花纹设计，更是增添了变化。搭配牛仔裤或者靴子都能轻松营造休闲随意的感觉。

编织图解见092页

看着不同色彩的毛线，在我的手中编织成了一件件不同图案、不同款式的衣服，我的心里便充满了自豪感、成就感。

高领短袖针织衫

怀恋曾经的淑女时光吗？虽然不能回到从前，但是服饰的装扮至少能让你找到那种感觉。

编织图解见093页

毛衣不光具有柔滑的手感，还会带给人安静的好心情，因此，它格外受到淑女风格的女士的青睐。

米色是毛衣中"常开不败"的颜色，但是再永恒的颜色也不可能一成不变，为自己选一件在款式上、领口上有些细微变化的灰色毛衣，再配上大气的花纹，一定会呈现你稳重中不失活泼的一面。

搭配提示：

高领的效果和围巾的效果一样，不但觉得很暖和，而且也起到修饰的作用。

对襟连扣长款开衫

编织图解见094页

连排下来的扣子为白色，与全身毛衣的黑色互相对应，突出了扣子的连贯性，显得有气魄，也让扣子起到了修饰毛衣的作用。

领子上的同色系带为这件毛衣增添了可爱的元素，让黑色也变得活跃起来。

下摆的宽大设计，与全身的瘦身造型设计互相呼应，松紧结合，带来飘逸的灵动感，让这个冬天不再沉闷。

搭配提示：

发箍随意搭配
增添可爱韵味

高领收腰蝙蝠袖毛衣

编织图解见098页

宽松、休闲、运动、大气，再加上永不落伍的灰色，是秋冬季节不可或缺的单品。
　　率性的图案和收缩的下摆也渗透了此款针织毛衣的休闲元素，青春活力也因此有所表现，毛衣厚重的翻领也带来了优雅、淡然的风格。

搭配提示：
宽大的版型设计让你完全不担心身材，而且非常时尚。如果是身材高挑而且下半身相对较瘦的女性穿着就更好了，配搭一条紧身牛仔裤和马靴，会显得身材超棒。

个性大翻领外套

衣服上粗大的线形图案让衣服有了像水一样流动的感觉，给人们一种视觉流向。

编织图解见099页

夸张的大翻领，完全露出里面的黑色打底衣，显得非常有个性。

领子一直翻开到腰部，在腰部自然地扣上，恰到好处地修饰了腰部的窈窕，勾勒出女性的曲线之美。

搭配提示：

正是因为衣服的款式简单，所以不能忽视了小饰物的作用，发箍、项链、手表，都在无形之中提升你无限的美感，增加时尚感，体现高贵的气质。

编织图解见100页

甜美
宽松长裙

圆领加V领的设计显得与众不同，圆领露出的面积很好地体现了锁骨的美感，小V领在圆领的下方，像是一个小坠物一样，起到修饰的作用，给圆领的形状增加了变化性。

从上到下不断变化的花纹给衣服增添了不同的层次感，使衣服不拘泥于呆板的设计，在视觉上显得多样化，但是又不显得累赘。

袖子、下摆和衣领的花边均为细小的波浪形花边，提升了衣服的精美程度，也让着装者显得更加可人。

每当陶醉在手工编织的世界里时，心中有一片怡然安详的宁静，看着手中的针跟线的碰撞，仿佛看见花从指间跳跃而出。

开衫短款小毛衣近年来大为流行，不同的颜色、不同的搭配甚至纽扣的不同扣法，都能够表现不同的气质，淑女型、可爱型、叛逆型等都可以在它身上找到时尚的感觉。

后背的褶皱采纳时下流行的韩版服装的设计风格，在蓬松的造型中露出可爱的气息。

搭配提示：

超可爱的小圆领红色毛衣非常热门，宽敞的下摆设计，在领口处连在一起的3个纽扣，无一不彰显这件衣服的可爱，爱美的MM还等什么呢？赶快行动吧！

淑女短袖
娃娃装

编织图解见102页

跳跃的红色很显眼，扣子的加入提高了衣服领子的高度，褶皱适当地折起，让衣服显得更加宽松、随意。

时尚高腰小外套

　　小巧可爱的版型设计，贴身的柔软效果，让你赢得一身轻盈。

　　黑色打底衣与棕色的毛衣相互衬托，同色系带来和谐统一的效果。

　　虽然衣服看起来简单，但是落落大方，在简洁中突出强烈的时尚感。

　　后背的细小花纹，给衣服带来不可忽视的精美感。

棕色毛衣最好搭配同色系的衣服，打底衣的颜色和裤子的颜色，与毛衣颜色的巧妙搭配，让整体显得很有层次感。

搭配提示：

搭配黑色元素
突出高贵气质

编织图解见105页

连帽无袖长裙

编织图解见108页

这款红色的连帽毛衣单穿就已经很好看，搭配上运动风十足的牛仔裤和黑色的大挎包，帅气逼人。纯色的款型设计非常有现代感，独具特色的style让人过目难忘。

深V领展现女性性感的一面，也从视觉上拉长了颈脖的长度。短毛衣的魅力在于贴合身材，而长毛衣的魅力则在于新意的搭配方式！时下最流行的长毛衣搭配法让你化身可爱型美女，瞬间就能吸引住所有人的视线！

搭配提示：

搭配项链
突显时尚气质

大翻领泡泡袖毛衣

缩口宽袖设计，融合简约宽松的迷人灵感，泡泡袖的甜美氛围满溢，不但更加修饰手臂线条，也让复古设计呈现了新鲜风貌。让黑色也呈现不一样的美感！

编织图解见111页

天越来越冷，当冬天的脚步不可阻挡地到来的时候，长款裙衣正是这个季节的最佳选择！
想象一下，穿着最时尚的温暖的毛裙，踏着雪径，是多么浪漫的时刻！

搭配提示：

上装采用长款设计，可以当作连衣裙来穿的衣服百搭又时尚，带有气质感的黑色非常有魅力，系上一根既能收腰又能装饰的腰带，把潮流的感觉完全穿出来。

舒适对开小背心

编织图解见116页

手感极强的小外套，触摸起来很有凸起的质感，穿上去，舒服而又美丽。
面料及做工都非常超前、优良，很人性化的设计。简洁扭花纹编织造型，让整体看上去更加有气质。

搭配提示：

运动风格的毛衣，搭配运动风格的牛仔裤，显得活力四射！若再配上长筒靴，真是完美的搭配。

系带长款针织衫

编织图解见117页

虽然这种款式不挑身材，但是相对来讲，还是高个子美眉穿上更显气质。

一根细长腰带，系出万般风情，收缩出纤纤细腰，打结出蝴蝶般的轻舞飞扬。在冬日的阳光里，带来温暖的春天的问候。两侧的口袋设计成网格的形状，不但实用，而且美观，将精美打造到极致。

搭配提示：
无须任何装饰
简单的搭配也是一种美丽

简约连帽长毛衣

静以修身，俭以养德。静是一种状态，更是一种典雅的修养。编织让我进入到"静"的境界，感谢编织，让我的心灵有所皈依。

编织图解见118页

包覆性很高的连帽长款毛衣，在轮廓上采用不特别抢眼的设计，最容易和其他冬季单品搭配，简单无华的结构让材质变成重要的关键。

冬天颇具人气的首选款式，加厚毛料，质感绝佳，披风式的外套，兼具造型感与气质，独特的设计更显品位。

魅力中袖长裙

选择纯净的原色来展现你的注目度，干净的原色以剪裁作变化，宽大下摆的垂坠感随身体摆动，有着青春无限的动感魅力。

胸前的两个小球，与裙子同色，带来俏皮可爱的气息，增添活泼的韵味。

编织图解见119页

胸前和下摆处的镂空设计独具匠心，正是以"空"来体现花纹的"实"，看似无花，实则花纹正是存在于空洞之中。

优雅中袖长裙

编织图解见120页

无瑕的青绿色显得格外地单纯、动人，比起花花绿绿，这一抹绿，更显出优雅气质。

一丝腰带，带来风姿绰约，带来风情无限。

以简单的设计忠实地呈现出女孩的原生气质。即使在繁华烂漫的春日里，青绿的颜色，让人完全忽视了五彩花朵的存在，一心只想凝视着你。

舒适透气的材料，圆领的剪裁，名暖感十足。花纹的钩织缀编，刻意与衣身同色系，但是分深浅不一的层次感，有着简单却有内涵气质的设计。

编织图解见121页

独特长袖
薄毛衣

秋冬季节，执掌江山的，是专属温暖亲切的风潮。也许你一瞬间就会想到那些厚厚的暖暖的开衫毛衣，但是怎么样在冬天也穿出窈窕呢？贴身的薄毛衣是你的最佳选择。

在光滑的毛衣上留下如穿针走线般的花纹，乍一看，像是地图的曲线，但是又不缺乏典雅的气息，令人眼睛一亮。

下摆和袖口的镂空效果让衣服看起来更加飘逸，在增添衣服的灵动性的同时，也增加了妩媚感。

精致的花纹搭配波浪纹花边，制造出优雅甜美的风情。弹性的弧形领设计，让您露出肩部锁骨，以增加性感魅力。

腰部下摆处的松紧波浪设计起到修饰腰身的功效，突显女性的美妙身姿，打造最浪漫的甜心小女人造型！

搭配提示：

搭配大气款挎包
注入潮流气质

编织图解见122页

搭配经典牛仔裤或者靴子，本是稀疏平常，但是再加一件纯色毛衣外套，既能映衬托出白皙的肌肤，少女的清纯以及学院派的味道也尽在其中。

甜美镂空
中袖上衣

系带吊带背心

无论是搭配牛仔裤
还是短裙，都显得活泼
动感，是打造街头休闲
风的不错选择喔！

编织图解见123页

充满甜美气息的小花设计是这件毛衣的设计亮点，呈现出年
轻女孩的甜美、娴静。
合身舒适的吊带设计展现出率性利落的运动风味，也带来毛衣的时尚感！

搭配提示：
围巾注入时尚元素
突显潮流风范

始终认为衣形是衣服的灵魂，而花形和色彩不过只是服装的一种装饰，所以对于毛衫来说，尺寸才是最为重要的，因为它直接影响着衣服的衣形。

编织图解见124页

当风儿穿过你的黑发，当风儿在你的身上覆盖上凉意，当单衣早已裹不住寒冷的时候，就轮到温暖的毛衣在街头妩媚缤纷、大出风头了。

秋风萧瑟至，毛衣正当时。当寒意渐深时，一款温暖的毛衣，会让你惬意地走过整个冬天。

独特短袖薄毛衣

起头：横织花边，花边的长度就是衣服的宽度，然后挑针往上编织。

绣花：棒针编织叶子，用珠子在叶子周围点缀。

精致手提包
注入贤淑感元素

编织图解见128页

毛衣主要以精致和随意来突显风格，略带优雅与慵懒的感觉，其整体设计以简约、自然的风格为主，在细节处彰显时尚的魅力。

精美的珠子镶嵌在典雅的花朵上，将花朵点缀得简约，也不会过于花哨，让领口处引人注目。

搭配提示：

浅淡的颜色看起来很典雅，纯色的毛衣是百搭的款式，搭配裙子或者裤子都无妨。

编织图解见129页

菱形扭花纹长外套

也许是希望为冬天增添喜
庆的色彩，红色的毛衣也是女
孩子心仪的对象，可是上身
全红的毛衣有点老土了，不妨
让其他的色彩也与红色竞相争
艳，精心搭配一些小饰物，就
可以突出你的与众不同。

线条相互扭绕，组合成菱形的形状，不论是从视觉上察看
还是从触觉上抚摸，都给人很强的立体感。

冬天又到了，穿上这件宽大的厚外套，在这寒冷的冬日里感受到来自毛衣
的温暖。

搭配提示：

颜色巧搭配
突显不一样的风格

古典长袖上装

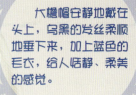

大檐帽安静地戴在头上，乌黑的发丝柔顺地垂下来，加上蓝色的毛衣，给人恬静、柔美的感觉。

编织图解见133页

古典的颜色，经典的花纹，让人回忆起小时候妈妈织的毛衣，温暖舒心的感觉一下子涌上心头，还有什么比母爱更能温暖这个冬天呢？

普通的编织法，略显俗气的低调颜色，却象征着某种刻骨铭心的记忆。

编织图解见136页

印花特色短外套

小圆立领的设计，带点复古的可爱印象，微微露出手腕肌肤，搭配黑色的半截紧身裤，保持年轻、性感、迷人的感觉。

带着星星点点般的童趣，有着细碎小点点的毛衣，一穿上就有着可爱女孩的感觉。

搭配格子帽
在温柔中突显刚硬

淑女高领
针织衫

青绿色的毛衣透着淑女的温柔气息，加上格子纹的帽子与休闲的牛仔裤，给人温柔、清新的感觉。

卷起的高领让风格之间仍能保有舒适的柔软感，明亮的色调让女人从冬季里的一片素色中脱颖而出，柔软带点柔美的气息，简单搭配就能展现优雅时尚的风格。

看着针和线在手中追逐，完成毛衣的游戏，我的心也跟着快乐起来，编织带给我的，不仅仅是对生活压力的释放，还带给我沉迷其中的乐趣。

编织图解见141页

甜美迷人的粉红色，仿佛浑然一体，但是仔细看就会发现，其中还有许多不可忽视的精美花纹，将美丽点缀到所有的细微之处。

无论是单穿或是混搭，都好看又有型，尽显年轻女性甜美时尚的气质！

搭配提示：

搭配可爱元素
突显迷人气质

编织图解见145页

粉色系的可爱毛衣，最好是搭配同样可爱的衣服、裤子、围巾和帽子等，搭配百搭的牛仔裤，也显得健康迷人。

迷人甜美
可爱装

圆领休闲针织衫

白色带给人清纯无瑕的感觉，加上宽松带来的随意舒适感，让你温柔的气质即刻上升！

简单的白色上衣搭配瘦腿裤，展现最休闲与自我的一面，如果再搭配可爱的靴子，则为整个造型添加潮味！

白色的衣服，黑色的裤子，黑白的搭配虽然是经典的搭配模式，但是在萧瑟的秋冬季节，不免显得呆板，戴上一顶红色的帽子，耀眼夺目，打破沉闷。

编织图解见149页

风情花边大披肩

编织图解见153页

编织图解见153页

红色与白色结合的披肩，两种颜色都足够醒目了，搭配的衣服不能太过醒目但是也不能太过浅淡，黑色和灰色就成为最佳的选择，既然内搭黑色的打底衣，那最好也是配黑色的裤子。

红通通的披肩，白亮亮的花边，代表着热情、喜庆的红色与代表着纯洁无瑕的白色的结合，在色彩上就带给人明快的感觉，让人精神为之一振。

披肩在后背呈现V字形，而花纹也采用V字形，给人棱角分明的视觉享受，也让披肩显得更加有坠感。

搭配提示：

色彩巧搭配
强烈对比吸引人的眼球

下身只需搭配小短裙或者短的牛仔裤，就能很好地展现甜美靓丽的可人气质。

编织图解见154页

圆领可爱短袖装

甜美迷人的风味充满了整件毛衣，剪裁合身的中长款设计让窈窕动人的身材线条若隐若现，即便是身材稍胖，也完全看不出来！

圆领包肩的设计更是强调整体造型的可爱风格，镂空的小花纹让你呈现出美丽的印象。

右侧的同色系带给衣服增加了可爱的气息，行走的时候，系带随之飘动，活跃的元素怎能不让人注意呢？

一字领特色针织衫

深紫色毛衣搭配浅紫色的手提包，是同一色系不同深浅的色彩搭配。浅紫色是充满梦幻感觉的颜色，深紫色是成熟的颜色，两者搭配则是清新亮丽，手提包更增添了OL一族的典雅气质。

编织图解见156页

竖形纹排列的爱心一字领，突出了锁骨的性感，利用大气的花朵图案营造出时尚、特色的气氛，大大地改变了对成熟的刻板印象。

高贵的深紫色，不仅能够将肤色衬得更加白皙，也让你在靓丽中，悄悄增添一抹妩媚优雅，轻易完成时尚的小女人宣言。

袖子和下摆的弧形是此款毛衣的特色所在，不拘泥于一般的设计，特别能吸引人的注意。

搭配提示：

加入与众不同的元素
突显个性魅力

编织图解见159页

淡雅短袖小外套

统一的浅色系搭配，给人清纯丽人的形象，无须太多累赘的装饰，下面穿上白色的高跟鞋，女孩文雅、清新、高贵、乖巧的形象便发挥到了极致；如搭配白色运动鞋，则给人青春活力的感觉；如搭配红色的鞋子，则分外能吸引人的注意力。

从上到下的浅淡的颜色搭配，给人典雅时尚、清新脱俗的感觉，仿佛是一个青春美少女正款款向我们走来。

小巧的小外套，搭配一袭白色长裙，让女性在清纯、文雅中散发出一股高贵的气质。

搭配提示：

时尚与高贵元素的加入打造美丽极限

缤纷彩色长毛衣

编织图解见160页

色彩鲜艳的毛衣，淡淡的女人味，是很多MM的大爱哦~独特的收腰设计拒绝臃肿，露出迷人蛮腰的MM绝对不能错过。搭配牛仔短裤或铅管裤，可以拉长身体曲线。该衣服很有个性，帅气十足，青春活力。

腰部的设计是这件毛衣的精华所在，像编织物一样的收腰设计，不但花纹与全身不同，而且还卡腰，起到了塑身的作用。

缤纷色彩的最佳演绎，它的兼容性和独创性都成为赢得主角身份的重要因素。很有细节感的毛衣，尤其适合外出游玩时穿着。

甜美花纹小外套

编织图解见164页

淡雅的毛衣，搭配米色的帽子，显得甜美、文静，再搭配黑色短裙，穿出了春日的活力装扮。

上下两种花纹相互对应的上衣，天蓝的颜色与花纹元素完美融合，加上连扣的设计，为此款上衣增添甜美风味。

清纯可爱的设计风格加上层叠的公主裙的搭配，营造出清甜可人的淑女MM气质！

天蓝毛衣搭配黑色裙子，体现了淑女风范，是浅色与深色的搭配，硬朗与柔美的体现。

一字领时尚外套

编织图解见167页

一字领将肩部的性感魅力展现无遗，但是不能显得过于空白，而项链的加入，适当地起到修饰的作用，提升了时尚气质。

轻松的一字领让女生想随意展露几寸肌肤都无妨，上宽下窄的修饰，显瘦效果不错，完全将女生的小蛮腰托衬出来，只要随意搭配紧身裤，轻熟曲线身段就能呈现出来，让人印象深刻。

下摆为收缩贴身的竖形花纹，很好地将臀部的曲线勾勒出来，而腰部为宽松的造型，让人联想到水蛇腰般的纤细和灵动。

搭配提示：

加入小饰物
呈现时尚气质

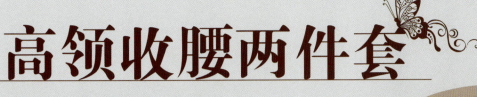

高领收腰两件套

这套毛衣主要是由内外两件毛衣组合而成的，里面那件高领收腰，外面那件是简洁的小外套，主要是遮住手臂和后背部分。

两件套的设计在后背呈现层叠的双层效果，外套起到保暖的作用。两件既可以一起穿，也可以只穿里面的一件。

腰带的加入，既起到了修饰的作用，也像是黄金分割线一样，将上衣与裤子自然地分开。

编织图解见169页

搭配提示：

搭配手提包
呈现姣美气息

个性休闲高领披肩

编织图解见170页

纯黑的颜色，衬托出皮肤的白皙、红润，小巧的款式，悄悄增添一抹妩媚、优雅，把你变成小鸟依人般的可人儿。

领口的设计是这件毛衣的亮点所在，领子自然地往上收缩，突显了脖子的颀长，围成的不规则的形状，与正方的下摆相呼应，也更好地拉长了脸部的长度。

轻巧可爱的披肩，搭配修身长裤，恰到好处地收敛了裙摆的细节，不但温暖而且倍添淑女气息。

搭配提示：

款式巧妙设计
突显淑女气息

编织图解见171页

扭花纹连帽针织衫

一般的连帽毛衣外套都是开襟设计，这款毛衣特意设计成丁恤的风格，希望能创造出新的样式。

一件穿着率极高的外套单品，每个女人秋冬衣橱必备。为了不让外套看上去过于乏味，毛衣更有细节设计的款式。小球式的小凸起，大大的扭花纹，都给衣服增添了趣味。

手指与毛线的低语，与一件件长衣短衫的缠绵。浸在一片宁静与祥之中，任外面花开花落，任天上云卷云舒，我心静如水，幽闲宁静。喜欢这份宁静，享受着这份宁静。

V领吊带小背心

淡淡的粉嫩色，淡淡的女人味，是年轻的秘密武器。

柔嫩的粉色系令甜蜜升级至最高点，打造出让人难以抗拒的心动宠爱印象。

编织图解见175页

简单又不乏时尚，想要把简洁大衣服穿出不落伍的风格，除了衣服本身之外，搭配更是起到不可忽视的作用：围巾、手表、发箍的加入，都起到了点缀时尚的作用。

搭配提示：

搭配围巾
注入时尚气息

斜开领动感大披肩

编织图解见177页

在肩膀左侧斜开领口，让披肩的款式有别于其他款式，设计别处心裁，露出的肩膀也增加了性感的一面。

下摆增加类似流苏的镂空花纹，在增加了披肩的动感的同时，也给披肩带来温柔的气息。

灰色的披肩内搭黑色的打底衣，两种冷色调配合，却能穿出妩媚的感觉，让人过目不忘！

简洁圆领毛衣

编织图解见17日页

素雅的装扮，给人素面朝天的自然美感。
混合了怀旧的感觉和现代的技艺，充满了创意与前卫的思想。
米色的紧身毛衣，给人温暖的感觉，在秋冬季节，是最贴身的关怀。

搭配提示：

纯色贴身的毛衣，尤其适合穿在里面，外面再穿一件外套，最适合不过。

喇叭袖对襟
小外套

　　宽大的七分袖给这件毛衣带来与众不同的视觉效果，敞开的袖口无形之中增添了衣服的可爱程度。

　　胸前两排精美的花纹，不但增加了衣服的美丽指数，还给人凸出的立体感。

　　短小贴身的毛衣款式，显得上身修长，刚好在腰部的下摆略微向外伸展，很好地遮掩腰部的赘肉，起到收腰的作用。

　　白色的毛衣，下面搭配深色的裤子，是传统的永不落伍的黑白经典。

编织图解见182页

　　款式简单的粉色短款毛衣，一条细细的腰带就可以突出你的身材，提升这件毛衣的时尚度。

　　扣上扣子之后，毛衣的领子呈现为圆领，为这件衣服增加了几分可爱。

编织图解见185页

圆领甜美
针织衫

　　中袖毛衣上身超有型，奇妙的是，它可以搭配不同的衣服穿出不同的风格，比如搭配牛仔裤则显得休闲运动，搭配裙子则显得温柔婉约。

柔美无袖外套

编织图解见189页

纯白的外套，搭配纯黑的搭包和纯白的发箍，黑白配是永恒的经典。

弧形的下摆和波浪形的花边，都给衣服带来温馨的柔美感，穿上它，娴静淑女的气质立刻呈现。

最是那胸前的一丝系带，带来蝶舞般的灵动感，飞扬着青春，也飞扬着美丽。

白色的毛衣外套，内搭黑色的打底衣，突显时尚气质。

典雅时尚小披肩

简洁而又精美的款式，搭配出无与伦比的时尚感！

领子在胸前扣起来后，呈现大大的V字状，起到了拉长脖子的效果，同时，露出里面的肩带也增添了无限风情。

下摆的钩花给人层叠的视觉美感，镂空的效果与披肩上半部分密实的效果相互衬托，虚实结合。

衣服虽然款式简单，但是不乏细致的美丽。主要在于搭配得恰到好处，黑色的打底衣，起到很好的映衬作用，而黑色帽子的加入，则将时尚升级到极致。

编织图解见190页

大V领中袖钩织衫

编织图解见191页

大大的V领露出光滑、白皙的皮肤，随意地披上一条围巾，不仅时尚、美丽，也让性感若隐若现，更加迷人。

V领衣服可以有效地修饰而且拉长方形脸有棱有角的脸蛋，还可以帮你拉长一点下巴；实在很合适修饰脸部。

胸前的花纹虚实结合，带来层叠的层次感；花纹弧形的线条，也带来视觉的流线美感。

编织图解见193页

V领波浪边钩织衫

喜欢安静地、开心地
做事嘛，就像是编织，可
以安安静静地织自己想要
的样子。我喜欢文静型的
毛衣，也喜欢淑女型的毛
衣。可以用编织来填补生
活的无趣和空白。

与深V领正好相反，小V领更适合颈部修长的女性，通过小V
领的诠释，展现出女性优雅的贵族气质。
淡雅的颜色也是比较百搭的颜色，搭配上牛仔裤，颜色素雅，却又不会单调。

个性时尚吊带衫

编织图解见194页

精致小巧的白色吊带衫，内搭黑色的打底衣，很性感，也显得很时尚。黑色帽的加入，将时尚飙升至极限。

胸前两根逐渐变小的系带，很好地衬托出胸部的丰满，独特的造型，也让衣服显得个性十足。

胸前的小球系带，带来活跃的气息，打破黑色的沉闷。

淑女菊影
长袖吊带衫

不胜娇羞的美感配合简洁大方的造型，无论在哪里，你都是最引人注目的时尚焦点。

领口的两圈钩花带来淡若菊花的淑女气质，让你变身温柔恬静的小女人。

搭配提示：

帽子的加入，增添了整体的温柔感，带来一股娴淑、文静的气质。

特别喜欢这件衣服，但又不想断线，所以就用一线连钩了。

编织图解见195页

白色的外套搭配贴身的打底衣，若隐若现的身体曲线，提升你的性感指数。

上身的花边设计效果很好，凸出的花纹带来适当的宽松感，同时也给人飘逸的灵动气息，增添女性的妩媚感。

编织图解见197页

网格纹
花边小外套

白色的短版小外套内搭浅紫色吊带，下面配上深色的牛仔裤。看上古颜色搭配得很协调，整体感觉很自然，是夏秋季节比较适合的颜色。

个性通花小披肩

编织图解见198页

柔顺的秀发充满
柔美女人味，但遭遇
到强劲的复古风，戴
上了黑色小帽子，就
显得更加帅性了。

秀发搭配上圆檐的帽子，再加上自然的披肩，如此帅气又怀旧的古典风格绝对是一道不能错过的风景线。
深紫色的披肩，黑色的帽子，加上一袭黑色的毛裙，还有黑色的裤袜，同色系显得深沉，只有在腰间留出一点空白，给你诡秘的诱惑感。

圆领开襟小外套

短袖的外套穿在长袖的打底衣上，长短的搭配显得很时尚，浅色搭配深色，颜色的巧妙搭配显得衣服很有层次感。

衣服正中间的一圈镂空花纹，恰到好处地将线条的美感勾勒出来。不管是从使用性上来讲，还是从美观性上来讲，都有效地提升了胸部的丰满感。

后背下摆的扇形设计给人的视觉带来线条感的冲击，别有一番风味。

古典拼花上衣

编织图解见200页

拼花衣服是镂空的，所以里面一定要搭配打底衣，但是打底的衣服必须为纯色，否则就显得过于凌乱。

整体已经形成淡雅的着装风格，搭配小巧可爱的同色系手提包即可。

领口的设计别出心裁，带有一点旗袍的风格，给人古典、高贵的气质。
衣服全身由大小的圆形花纹组成，再加上全身纯白的颜色，像是那漫山遍野开满的白色小花，想不清纯都不行！

花花拼接
开襟衫

编织图解见201页

V字领给微凉的秋季带来一丝惊喜。从视觉上营造出三角线条，曲线优美的胸部成为视觉的重点。

中长袖非常合时宜地包裹了手臂，长度适当，也让白色显得有分量。尤其适合稍微有点凉意的秋天。

坐在电视机前，一边看电视，一边编织，独自享受着一份心平气和和一份浅淡的温馨，柔软的毛线在指间缠绕，毛线长长的，如同心中那一缕缕绵长的柔情，织着的时候，心依附在手中的针和线上，情感也就一起编织到衣服的经纬里面去了。

甜美中袖开襟衫

编织图解见202页

我热爱我的钩针，热爱我的编织生活，并且身体力行地用自己的能力帮助到需要帮助的人。

生活忙忙碌碌，我们忘记了感动；世界千变万化，我们无暇顾及。停下脚步，给自己一丝温柔，把粉嫩留在风中。

只要歌声还在，生活就不会悲哀；只要信念还在，厄运也变得无奈；只要快乐还在，生活就多姿多彩；只要编织还在，生活就永远快乐幸福！

星星花纹
短袖衣

编织图解见203页

简洁的毛衣醒眼穿得好看，主要在于搭配的巧妙：搭包、帽子的加入，大大提升了整体的时尚度。

毛衣也能窈窕时尚是很多MM追求的目标，松紧收腰的设计实用又时尚，款式非常修身，艳丽又不失活泼，是很值得购买的一件单品。

胸前和后背的星星花纹图案是这件毛衣的聚焦点所在，以星星为中心，向四周散射细小的镂空式的线条，星星和射线都能一下子抓住人的眼球。

拼花高腰毛衣

　　卡哇伊拼花图样，显得俏丽可爱，白色的花朵和草绿的叶子相间，带来春天田野的气息。
　　高腰的设计，加上有层次感的搭配，突显出性感腰部与臀部曲线，圆领的设计更是有着增添可爱的功效。

与短裙搭配就能很好地营造出年轻活泼的甜心宝贝造型！与百搭的牛仔裤搭配，则加入休闲运动的风格。

编织图解见204页

编织图解见205页

镂空连帽背心

黑色连帽小外套，搭配蓝色紧身牛仔裤，让你潮味十足！

柔软贴身的外套，微微摇曳的下摆，自有一种不胜凉风的娇羞，显尽轻熟女身上的万千柔情。

贴身的造型，让你看起来轻巧、轻盈，简洁的款式，任何配饰都显得多余。

可爱吊带
钩织衫

淡雅的颜色给人清纯、温柔的感觉，穿上它，不需要任何言语，就会显得楚楚动人。

衣服露出肩部，突显性感。宽大的下摆自然下垂，不仅很好地修饰了腰部，也让衣服的飘逸感得到增强。

浅色吊带衫搭配浅色的半截裤，整体显得温柔、甜美。搭配牛仔裤也显得运动、健康，带来青春的活力。

编织图解见207页

衣服肩部和领口的拼花精致美丽，给这件衣服增加了温柔的气质。

特别的材质让毛衣看起来特别有质感，镂空的设计让毛衣的性感若隐若现，穿起来特别好看。

编织图解见208页

配上纯色的小短裙或者牛仔裤，一身淡雅的造型特别亮丽夺目！整个搭配特别有吸引力哦！

淡雅气质
小背心

圆领可爱
钩织衫

编织图解见210页

优雅的气质呼之欲
出，散发香气。宽松的
款式固然不会勾画出过
于精致的身形，却在若
隐若现中，让你看起来
布满清纯的性感气质。

素雅淑女小外套，明亮的色彩为你增添时尚魅力！
大大的圆领露出性感的锁骨，无袖的设计露出光滑的手臂，这些都彰显女性性感的一面。

深V领长袖外套

宽大版的衣服是丰满MM的必备，既然先天条件决定不能扮甜美小少女，干脆就扬长避短打扮成华丽贵妇吧！

编织图解见212页

大大深V领加上黑色的打底衣，紫色与黑色的组合，让MM原本光滑的锁骨得到修饰，同时，腰部也有了宽松的随意感，所以腰肥的MM们可以考虑这种style。

假扣子的镂空设计，使得人们误认为胸前是一排黑色的扣子，不但起到修饰的作用，而且增强了透气的效果。

编织图解见213页

菠萝花中袖钩织衫

中袖的钩织衫搭配长袖黑色打底衣，自有一股味道，但是长袖过于遮掩了肩部和手臂性感的一面，所以搭配黑色的吊带更有诱惑力，也更适合。

当V领衫的领口下探到尺度边缘，让酥胸若隐若现时，平凡的设计就变成了凝聚目光的焦点。
V领衫不但可以用来打造性感风格，穿好V领衫同样可以使脸显得很精致小巧。

气质镂空钩织衫

白色的毛衣，内搭浅紫色的打底衣，白色是彰显淡雅、青春的颜色，而淡紫色则是彰显低调的高贵的颜色，两者和搭，给人清新高贵的感觉。

编织图解见214页

纯白的颜色不仅能够提升皮肤的亮度，而且还带来清纯的气质。镂空的钩织衫让里面的衣服若隐若现，给人清纯又不失性感的视觉享受。

V领毛衣搭配吊带，通过错落的线条和层次感，可以把别人的视线吸引到胸部，于隐约间呈现一派动人与妩媚。

时尚毛线袜套

袜套正身是为了使脚部保持温暖而产生的一种服饰，突出编织花纹的袜套款式则需要用短裙来搭配，这样才能够露出腿部的修长和美感。

编织图解见214页

袜套能够表现腿形的纤细，勾勒出完美的体态，对于腿形漂亮且修长的女孩来说，袜套是一种非常能够反映出活力和时尚感的款式。

袜套主要的功能在于修正腿型和修饰美腿，因此，里面最好是穿薄丝袜，让丝袜的诱惑感和袜套的点缀作用同时呈现。

吊带钩针背心

V领裙衣搭配不同颜色的打底衣，通过颜色变换带来层次感，也让胸部增添无限性感，与隐约间呈现妩媚风情。

下摆以镂空的花纹作为花边，大大提升了整件衣服的精美度。

编织图解见215页

裙式的毛衣下摆已经足够敞开了，下面搭配牛仔裤显得比较干练，高跟鞋也起到了增高的作用。如果搭配短裤或者短裙，将美腿秀出来，也是不错的选择哦！

气质高腰线长裙

编织图解见216页

采取《黄金甲》里面女性服装的胸部设计，一丝略往上的腰带轻轻一束，胸部的丰满立刻
呈现。

胸部以下的裙身部分采用镂空的设计，让身材更添性感，更显窈窕。

淡雅吊带钩织裙

编织图解见217页

钩针和彩线是舞动的天使，她们有魔法，令我在编织时或是回味以往的幸福时光，或是憧憬未来的美好生活。只要开始编织，我的心情就会变得无比愉悦，就像这或粉色或橙色的吊带裙一样，带我走入人生的春天。

淡雅的吊带裙让你显得格外温柔，红粉和橙色都是让人眼前一亮的颜色，更能增添几分清新。
粉色的裙子搭配黑色的围巾，暖色系和粉色系相互组合，给人亮丽的感觉。
衣服的花边精致美丽，增添女性细腻的美感。
浅色的吊带搭配黑色的围巾，恰到好处地修饰了脖颈处的魅力，让衣服穿起来更显时尚。
黑色的围巾围在脖子上，点点的小球像一串项链一样，突显了女性高贵的气质。

大U领魅力
小背心

U形的宽领设计让你不自觉地绽放诱人魅力，可爱的性感就此在身上蔓延。

衣身拼接花边的设计，是甜美风格的精品级概念，不落俗套的元素让你享有有别于周围女孩的美丽特权。

编织图解见218页

编织的心情一直洋溢在生活里，虽然现在已经有了毛线编织机，但是手编的心情一点都没有因此而放弃。编织其实是很精髓的东西，可以注入情感，否则就是一片沙漠。

当枯黄的落叶再次飘零时，才发觉秋叶飞扬的时节已经飘然而至，这一季什么都可以忘记，唯独不能忘的是告诉自己：这个季节的美丽，需要一款白色的小外套。

搭配提示：

这种休闲的款式是众多女孩的最爱，怎样穿出它的风格与特色？白色小外套里面搭配一款深色吊带，浅色与深色相衬，鲜明而具有活力，搭配随意的修身牛仔裤，让你由此变得与众不同。

编织图解见219页

菠萝花
短袖小外套

亲爱的女性朋友们，如果你不可避免地选择了做主妇，那么就学习编织吧，爱上编织吧，它会给你平淡无奇的生活增添无穷的乐趣。

清新大圆领钩织衫

编织图解见220页

纯色的简洁毛衣是百搭的款式，不管是搭配裤子还是搭配裙子，穿起来都有不错的感觉。

清新的嫩绿色，让你的瞳孔无时无刻不在享受来自大自然的新鲜感受。
跟领口成一样弧度的花纹遍布全身，大大地提升了衣服的精美指数。

金鱼纹无袖钩织衫

即使是简洁的无袖衫，也能穿出完全属于自我的时尚气质，让你看起来无比地优雅迷人。

胸前4只金鱼戏花的图案，不但将衣身点缀得非常美丽，还带有吉祥的意义。

编织图解见221页

有些看似平淡、看似柔软、看似微不足道的东西，却能主宰生活的重心。就像是编织，看起来仿佛并不能给生活带来多少好处，但是却可以创造好的心情，没有好的心情，所有的一切也就没有意义了。

拼花高腰钩织衫

编织图解见222页

收腰的短款融入了女性的特质，搭配短裙优雅又可爱，搭配裤子带来运动的气息。用稍亮的配饰作为细节的点缀，是活力的体现。

OL需要的不仅仅是优雅干练，时尚的淑女气质更是办公室粉领一族需要展现的最美风采。

款式略为保守的拼花钩织衫，显示身材的高腰设计是该款宝贝的一大核心魅力点。

淡雅镂空短袖衫

编织图解见223页

清爽的素面款式耐看又耐穿，细腻贴身的效果，穿上身更能描绘身材线条，将窈窕的身材
勾勒得楚楚动人。

胸前的钩花虽然简单，但是却处处体现了细腻的精美感，将淑女的恬静气质完全呈现出来。

素雅拼花无袖衫

这线我藏了好久了，一直都没有找到合适的款式来织或钩。那日偶尔翻开自己的钩针书，看着这个单元花蛮好看的，就随手试了试，结果，就成了这件背心。

编织图解见224页

一直很喜欢这个颜色，漂亮而不张扬，柔柔的，带给人温馨舒适的感觉。

我不会一线连，也不会用钩针钩边或者钩边连，是将一个一个的花钩好了以后，用缝衣针连起来的。

艳丽中袖开襟衫

鲜艳的玫红色针织外套你一定不能错过。伴有小暗扣装饰，增添了可爱的感觉。

深红色显得时尚夺目，多褶皱的设计是整件衣服的亮点，袖口的层叠花边，让你看起来更加可爱。

编织图解见225页

鲜艳的毛衣搭配黑色打底衣，从色调搭配这方面来说，简直就是绝配，是既保险又出彩的搭配。

彩色条纹小背心，恰到好处地修饰了身形，令肩膀圆润而不臃肿，腰部纤细而不失性感。

这件衣服的特点是色彩的深浅搭配和领部的精心设计，让你神采飞扬。

编织图解见226页

时尚圆领钩织衫

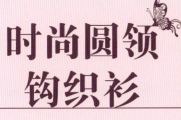

这款百搭的小背心最适合春秋外搭，既保暖又修身。

怀旧典雅小背心

编织图解见227页

太过清瘦的身材不适宜穿这款，因为它只会让你看上去更清瘦，所以考虑style才是上选。

V领是流行时尚界永恒的线条。即便是扣起来后才显示成V领，也突显潮流的气质。

深色的外套内搭黑色的长袖打底衣，下面再配上一款略显深色的牛仔裤，看起来既青春，又不失活泼。在初秋时分，还增加了保暖的功能。

编织图解见227页

毛衣本身就是裙子的款式了，下面穿上裤袜或者靴子，都会显得时尚、简洁。也可以再围上一款围巾，用以装饰。

裙子下半部和衣袖下半部的波浪纹带来很强的层次感，仿佛是水面上的微微波动的水纹一般。

艳丽的颜色为裙子增添几分热情的俏丽，层次感极强的花纹展露不同的气息，更打造宛如奇境般的憧憬。

时尚拼花小外套

衣服在胸前合体地扣上，非常到位地包裹扩出形体的美丽。

编织图解见229页

看似简单的小外套，却是百搭的基本款，淡雅颜色的外套，内搭纯色的打底衣，显得时尚又大方。

简单的波浪花边，是经典不败的必备之选，在提升可爱氛围的同时，也让着装者显得更加亲切。

虽然不能把编织当成全职的工作，可我依旧喜欢手工编织，因为自己内心里始终没有把编织作为一件必要的工作，也不仅是谋生的工具，而只是生活中的一种情结，一种温馨的释放，一种柔和的围绕。

编织图解见230页

双色菊花小背心

就像是秋日里的菊花一般淡雅，在肃杀的凉风中带给人温柔的微笑，傲然挺立。
领不是单独设计的，是由树叶自然拼接而成。

简单大方
无袖衫

连带扣子的V领搭配同色系的黑色打底衣，是摩登女郎的最爱款。

独特的剪裁效果，为你打造迷人的个人品位，大胆的冷色调配色技巧，让你疯狂迷恋。

保暖贴身，是春秋佳选毛衣；勾勒玲珑曲线，将女性体形美完全呈现。

领口不需减针，直接介开，肩也不需加针，直接钩到前后片再合拼。

编织图解见231页

艳丽的颜色不但能增加肌肤的明亮度，也会给身边的人留下深刻印象。

橙色的钩花无袖衫，浅淡的吊带打底衣，更衬托出小女人的妩媚感。贴身的裤子与高跟鞋塑造完美腿部线条。

编织图解见232页

先钩后片，再从两边介别向前钩，再钩边，最后合拼，加边而成。

全毛细绒
无袖衫

每次拿起心爱的钩针，便有一种满足感。想想这十几年的编织时光，看看伴随我度过了十几个寒暑的钩针，心里好生感慨。

编织图解见233页

视觉上带来色彩的冲击，仿佛是一件精美的艺术品一般。触摸带来凹凸的手感，极强的立体感是这件衣服让人爱不释手的原因。

该立体花心是四瓣，每层加一瓣，钩五层后为八瓣花。

立体花俏丽小坎肩

粉嫩的颜色就已经足够显得青春可爱了，更何况还是粉嫩的立体花朵呢？让人看到了都忍不住赞叹。

轻轻的一个结，却结出万般柔情，带来恬静的女人气息，垂下的系带也带来妩媚的潮流感。

编织图解见234页

编织技巧：
六瓣立体花用大网眼连接

编织永远的爱心，删除生活的烦恼，钩出人生的快乐，设置成长的幸福，打造美丽的心情。

甜美时尚公主衫

编织图解见235页

层次感是创造时尚的最佳手段。层层的下摆营造出重
叠的效果，带来可爱的氛围，层峦叠嶂的感觉，像极了娇
美的公主。
连接两个肩膀之间的 镂空设计，增添了性感的气息。

编织技巧：
1.用一线连钩织小方形花20朵，钩
成一圈，上下加边成一条，衣身6
条，也可自行加减。
2.肩的3条分别为32、24、26朵
花。从下往上用大网眼内连接。

可爱花边
短外套

　　下摆和领口的扇形花纹组合成波浪式的花边，增添可爱的氛围，穿上它，你的甜美度即刻得到提高！

　　在后背，毛衣白色的弧形恰到好处地包住了身体腰部以上的部位，黑色的打底衣又恰到好处地勾勒出了曲线的玲珑美。

黑白的搭配既是传统的搭配方法，又是时下流行的搭配方法，配上大大的黑色挎包，显得时尚、大气，再用一顶黑色的毛帽点缀，更是突显时尚气质。

编织图解见236页

　　仿佛云朵一般的白色，让你的瞳孔无时无刻不享受来自天空的宽阔美感，结合纯净黑色的打底衣，让你随时清新过人。

　　自然浪漫的V领，巧妙地将你白皙的肌肤裸露出来，带来令人眩晕的致命诱惑。大方可爱的花边，乖巧地缀于胸前，十分抢眼。

编织图解见237页

可爱清纯
小背心

如果身材略显丰满，吊带千万不能太贴身，那样只会勒出赘肉，宽松的款式才能掩饰肉肉哦！

甜蜜宽松背心

【成品尺寸】衣长64cm，胸围88cm
【工　　具】3.0mm棒针
【材　　料】粉色丝棉350g，紫色少许
【编织密度】25针×25行=10cm²

制作说明：

衣服由花样和平针组合织成，领和袖形成自然卷边。

1. 后片：起114针织16行双罗纹，上织花样，先织4行间色样，其他部分织粉色，按图示织出花样40组，然后织平针。前片相同。

2. 领：平针形成自然卷边。

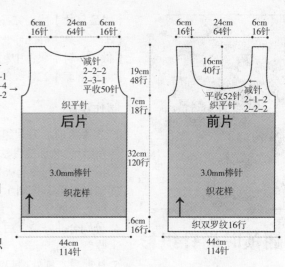

后片
3.0mm棒针
织花样

前片
3.0mm棒针
织花样

6cm 16针　24cm 64针　6cm 16针
减针 4-1-1 2-1-4 2-2-2
减针 2-2-2 2-3-1 平收50针
织平针
19cm 48行
7cm 18行
32cm 120行
6cm 16行
44cm 114针

6cm 16针　24cm 64针　6cm 16针
16cm 40行
减针 2-1-2 2-2-2
平收52针 织平针
44cm 114针
织双罗纹16行

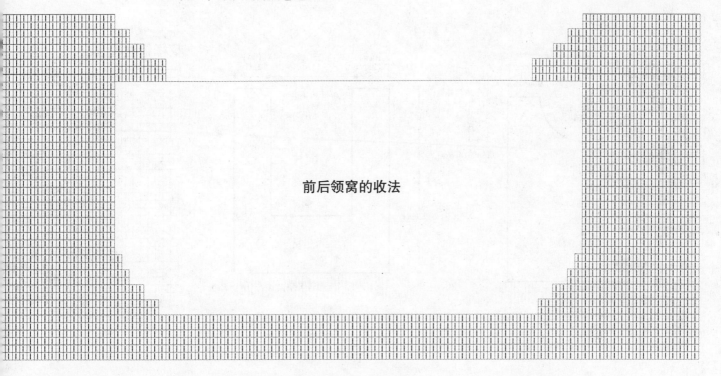

前后领窝的收法

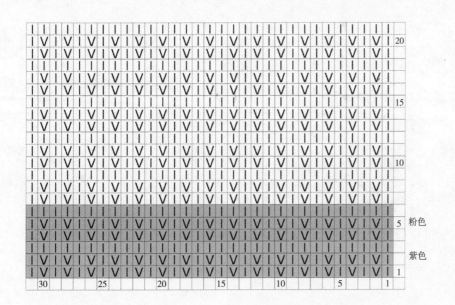

编织花样

符号说明：

Ｉ = 下针

Ｖ = 挑针

粉色
紫色

【成品尺寸】 胸围92cm，衣长44cm，肩背宽45cm
【工　　具】 4mm棒针
【材　　料】 黑色中粗羊毛线400g
【编织密度】 22针×25行=10cm²

符号说明：

□ = 下针　　　↑ = 编织方向
□ = 上针
⊠⊠⊠ = 4针下针右上交叉

制作说明：

1. 衣服由前、后片组成。先织后片：按结构图起96针往上织7cm双针罗纹后，在两侧各留7针，然后按针法图示往上编织花样到33cm后收出后领弧形。

2. 前片按结构图起96针往上织7cm双针罗纹后，在两侧各留7针按针法图示往上编织花样到14cm后，按图示在中间平收56针为前开领。

3. 前片两侧分别往上织到合适高度后和后肩合并好。

4. 分别合并好前、后片的两侧腋下缝，从前后袖窿处挑起120针编织双针罗纹到4cm后平收针。

5. 从前后衣领处挑起240针横向编织双针罗纹到30cm后平收针。

翻领时尚针织衫

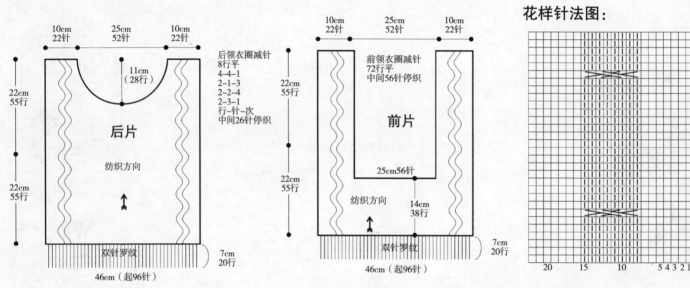

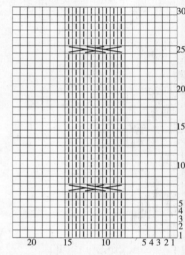

花样针法图：

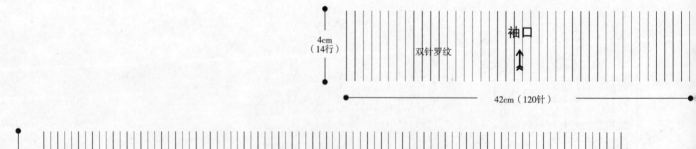

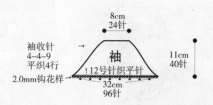

【成品尺寸】衣长61cm，胸围84cm，袖长11cm
【工　　具】2.0mm棒针，1.75钩针，缎带120mm
【材　　料】丝棉350g
【编织密度】30针×36行=10cm²

制作说明：

衣服由花样和平针组合织成，领和袖边钩花样。
1. 后片：起132针织4行全平针，以防卷边，上织花样，按图示织出花样26组，然后织平针。前片相同。
2. 领：沿领口钩2行短针后，钩1圈狗牙。

圆领甜美针织衫

× 短针
狗牙针　　**领·袖边花样**

□ = 1

全平针

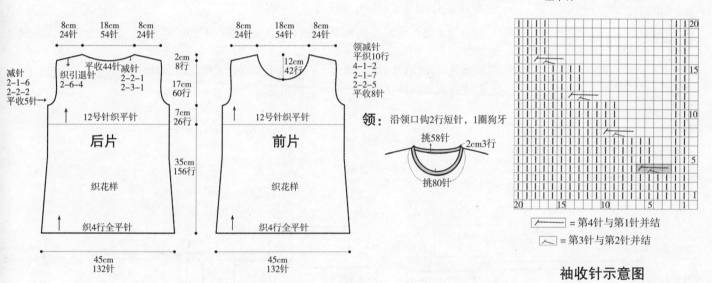

					20
					15
					10
					5
					1
20	15	10	5	1	

╱ = 第4针与第1针并结

╲ = 第3针与第2针并结

袖收针示意图

后片

8cm 24针　18cm 54针　8cm 24针

减针
2-1-6
2-2-2
平收5针→

平收44针 减针
织引退针 2-2-1
2-6-4 2-3-1

12号针织平针

后片

织花样

织4行全平针

45cm
132针

2cm 8行
17cm 60行
7cm 26行
35cm 156行

前片

8cm 24针　18cm 54针　8cm 24针

12cm 42行

领减针
平织10行
4-1-2
2-1-7
2-2-5
平织8行

12号针织平针

前片

织花样

织4行全平针

45cm
132针

领：沿领口钩2行短针，1圈狗牙

挑58针
2cm3行
挑80针

符号说明：

□ = ─ = 上针
○ = 加针
λ = 右上2针并1针
⅄ = 左上2针并1针

下摆花样

气质休闲小外套

【成品尺寸】衣长48cm，胸围92cm，袖长22cm
【工　　具】7号棒针，缝衣针
【材　　料】黑灰色羊绒线600g，棕色大扣子1枚
【编织密度】21针×25.5行=10cm²

前身片制作说明：

1. 前身片分为两片编织，左身片和右身片各一片全下针编织，分别在两片相反方向收针减出袖窿。

2. 起织与后身片相同，前身片起56针后，来回编织下针形成衣边，共来回编织16行后，往上编织衣身，全部下针编织。门襟处留出15针来回织下针作为门襟边。

3. 袖窿处减2针后，按4-2-4减针，不要收针，可用防解别针锁住，左右片相同。

4. 最后在一侧前身片领口处钉上扣子。不钉扣子的一侧，要制作相应数目的扣眼，扣眼的编织方法为在当行收起数针，在下一行重起这些针数，这些针数两侧正常编织。

后身片制作说明：

1. 后身片为整片编织，从衣摆起96针后，来回编织下针形成衣边，往上全部下针编织至袖窿处。

2. 袖窿处减2针后按4-2-4减针，完成后不要收针，可用防解别针锁住。

3. 整体完成后两侧在衣片的反面沿侧缝缝合。

符号说明：

□=上针

□=[1]=下针

[2]=扭针

4-2-4　　行-针-次

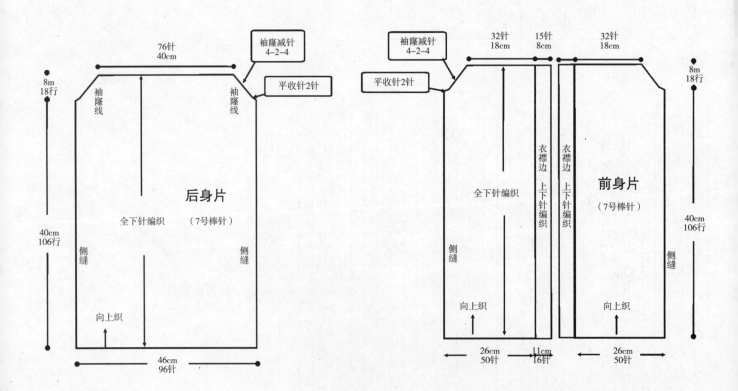

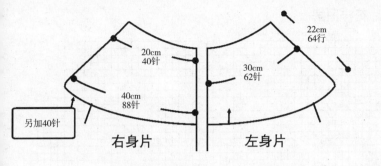

右身片　　　　左身片

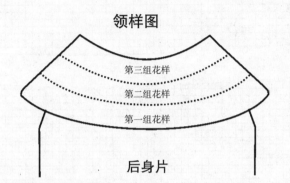

领样图

后身片

围肩制作说明：

1. 从右片门襟边处开始挑织1行上针围肩，编织到右袖窿处不要断线，另手工加入40针后接连挑织上针后身片，编织到后片左袖窿处时再加入40针接连挑织左片至门襟边，然后按照围肩花样图开始编织。

2. 门襟边仍按原门襟边花样编织。

3. 完成围肩的第一组花样后，再用1行上针编织来区分第二组花样，同时每10针减1针，按此完成整个围肩的减针，按此方法同样完成第二组和第三组花样。

4. 三组花样完成后不要断线，继续来回编织18行下针作为领边，没有加减针，然后从衣片正面收针完成。

围肩花样图解

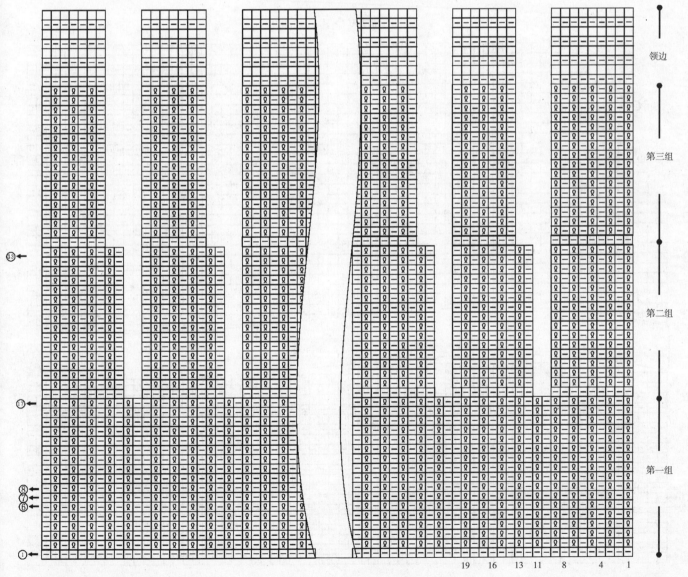

后身片花样图解

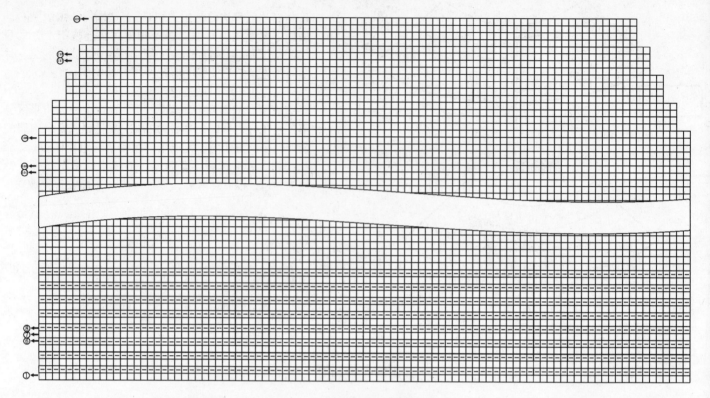

前身片花样图解

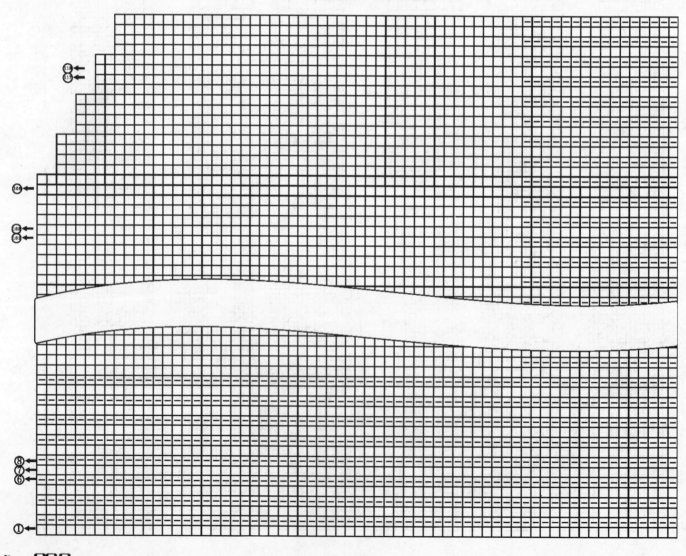

【成品尺寸】衣长45cm，胸围44cm
【工　　具】3.0mm棒针
【材　　料】中粗毛线250g
【编织密度】22针×30行=10cm²

制作说明：

1. 后片：用11号棒针起130针织平针，平织25cm后，将针数一分为三，中间50针，两侧各40针；以中心针为茎，每6行3针并1针；收10次后平收。

2. 前片：起100针织扭针单罗纹4cm，上面织平针，两侧各织6针桂花针作为袖口边，以反针为面；织20cm后，开始收插肩。

3. 缝合：两块织好后，将相同符号部分缝合，亦可按图示缝合完成。

个性蝙蝠袖外套

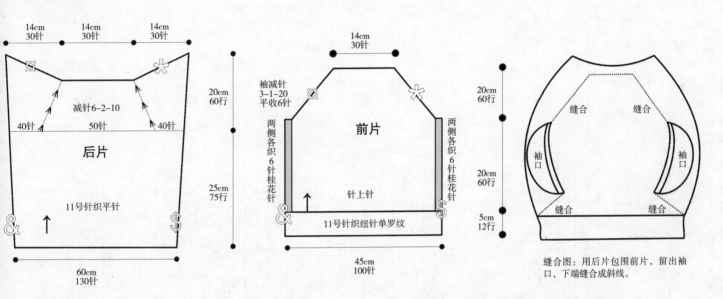

后片图：
14cm 30针 / 14cm 30针 / 14cm 30针
减针6-2-10
40针　50针　40针
后片
11号针织平针
60cm 130针
20cm 60行
25cm 75行

前片图：
14cm 30针
袖减针3-1-20 平收6针
前片
两侧各织6针桂花针
针上针
11号针织纽针单罗纹
45cm 100针
20cm 60行
20cm 60行
5cm 12行

缝合图：
缝合　缝合
袖口　袖口
缝合　缝合
20cm 60行
20cm 60行
5cm 12行

缝合图：用后片包围前片，留出袖口，下端缝合成斜线。

纽针单罗纹

15　10　5　1
15　10　5　1

符号说明：□=一=上针
　　　　　Q=扭针

桂花针

15　10　5　1
15　10　5　1

符号说明：□=I=下针

高腰时尚小外套

【成品尺寸】衣长34cm，胸围84cm
【工　　具】6.6mm棒针
【材　　料】粗毛线350g，纽扣4枚

制作说明：

1. 衣服横向来回编织，从门边起头42针织双罗纹，排花时加针到47针。
2. 将47针分成三层：第一层2针上针，第二层铜钱花3针，第三层余下的42针。
3. 双罗纹织完后开始排花：
　第一个来回1、2、3层全部织；
　第二个来回织2、3层；
　第三个来回织第3层；

第四个来回1、2、3层全部织；
第五个来回同第二个来回；
第六个来回同第三个来回；
第七个来回同第一个来回；
依次类推……
4. 前片织够1／4胸围就分袖，这时袖子上不织菠萝花，菠萝花待袖子织好后与后片一起织。
5. 后片与袖框下的菠萝花连起来织，织够1/2胸围分另一只袖子。
6. 另一只袖子织好后就织前片。
7. 最后挑领，织到合适的高度收领口。

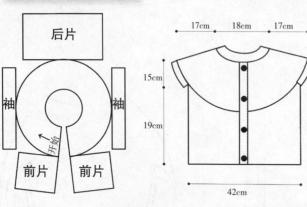

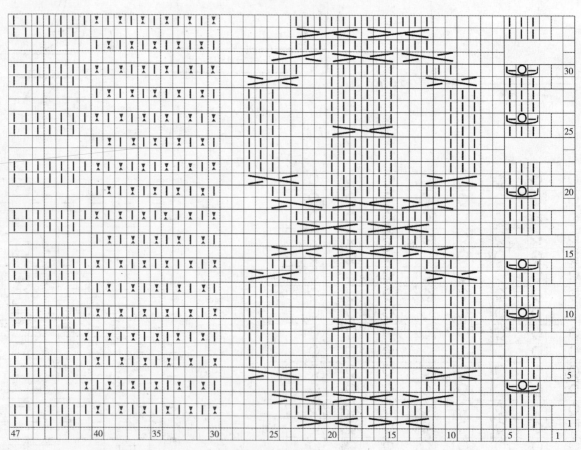

编织花样

符号说明：

☐ = ━ = 上针

Λ = 右上3针并1针

V = 1针放3针

= 铜钱花

= 6针交叉，右边3针在上面

= 6针交叉，左边3针在上面

高领短袖针织衫

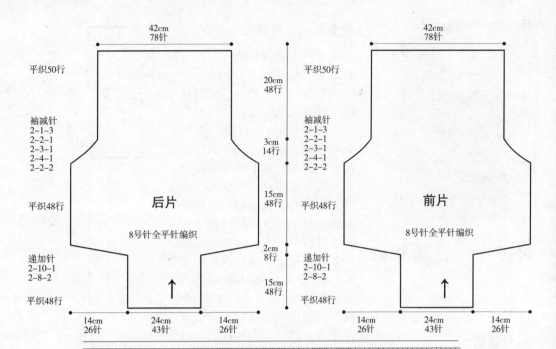

42cm 78针

平织50行

袖减针
2-1-3
2-2-1
2-3-1
2-4-1
2-2-2

平织48行

后片

8号针全平针编织

递加针
2-10-1
2-8-2

平织48行

20cm 48行

3cm 14行

15cm 48行

2cm 8行

15cm 48行

42cm 78针

平织50行

袖减针
2-1-3
2-2-1
2-3-1
2-4-1
2-2-2

平织48行

前片

8号针全平针编织

递加针
2-10-1
2-8-2

平织48行

14cm 26针　24cm 43针　14cm 26针　　14cm 26针　24cm 43针　14cm 26针

【成品尺寸】衣长40cm，胸围42cm
【工　　具】6.0mm棒针
【材　　料】粗毛线750g
【编织密度】18针×32行=10cm²

制作说明：

1. 后片：从上往下织，不留领窝，均织1行上针1行下针。起43针圈织领子，织15cm开始织斜肩，按图解依次编织身片。

2. 前片：前片中心织花样，其余均同后片；织好后两片缝合即可。

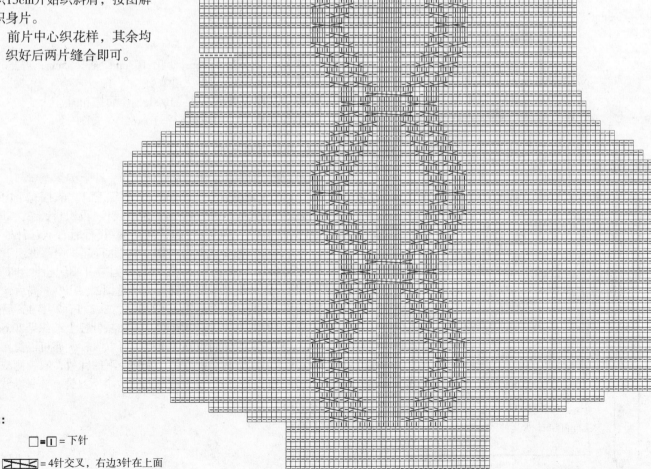

符号说明：

□ = ① = 下针

⧄ = 4针交叉，右边3针在上面

= 6针交叉，中间5针不变，右边的3针压在左边3针上面

25　20　15　10　5　1

编织花样

对襟连扣长款开衫

符号说明：

□=上针

□=回=下针

回=扭针

2-1-3　　行-针-次

前身片制作说明：

1. 前身片分为两片编织，左身片和右身片各一片。

2. 起织与后身片相同，前身片起60针后，先编织6行下针和1行上针，再编织6行下针后，与起针处同样合并编织，将衣摆变成双层，然后继续往上编织衣身，花样与后身片相同，前28cm全为下针，即76行，从第77行开始减针编织钮针上下针，织10行后，加针继续编织下针。织20cm高后，开始袖窿减针，减针方法顺序为1-4-1，2-3-1，2-2-1，2-1-3，将针数减少12针。织至18cm高度时，开始前衣领减针，减针方法顺序为1-17-1，3-1-1，2-2-1，2-1-3，最后余下21针，织至71cm，共196行。详细编织图解见图1。

3. 同样的方法再编织另一前身片，完成后，将两前身片的侧缝与后身片的侧缝对应缝合，再将两肩部对应缝合。沿门襟从正面挑织4行扭针上下针为门襟边。最后在一侧前身片钉上扣子。不钉扣子的一侧，要制作相应数目的扣眼，扣眼的编织方法为，在当行收起数针，在下一行重起这些针数，这些针数两侧正常编织。

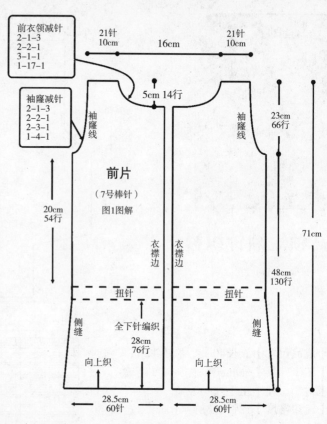

前衣领减针
2-1-3
2-2-1
3-1-1
1-17-1

袖窿减针
2-1-3
2-2-1
2-3-1
1-4-1

21针 10cm　16cm　21针 10cm

5cm 14行

23cm 66行

前片
（7号棒针）
图1图解

20cm 54行

衣襟边　衣襟边

71cm

48cm 130行

扭针

侧缝　全下针编织　侧缝
28cm 76行

向上织　向上织

28.5cm 60针　28.5cm 60针

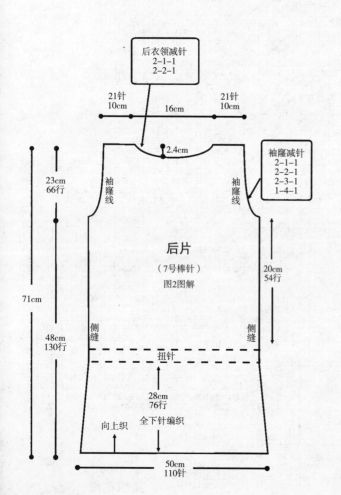

后衣领减针
2-1-1
2-2-1

21针 10cm　16cm　21针 10cm

2.4cm

袖窿减针
2-1-1
2-2-1
2-3-1
1-4-1

23cm 66行

袖窿线　袖窿线

后片
（7号棒针）
图2图解

20cm 54行

71cm

48cm 130行

侧缝　侧缝

扭针

28cm 76行

向上织　全下针编织

50cm 110针

【成品尺寸】 衣长71cm，胸围103cm，袖长35cm，肩宽36cm

【工　　具】 7号棒针，缝衣针

【材　　料】 黑色羊毛线1000g，金属钮扣9枚

【编织密度】 21针×25.5行=10cm²

后身片制作说明：

1. 后身片为一片编织，从衣摆起织，往上编织至肩部。

2. 大衣先编织后身片，起110针编织下针，衣摆有个内藏衣摆，编织方法是起110针后，编织6行下针，再织1行上针，即第7行上针，然后从第8行起，同样编织6行后，从起针处挑针并针编织，将衣摆变成双层衣摆。从第8行起，全部编织下针，共编织28cm后，即76行，从第77行开始减针编织扭针上下针，织10行后，加针继续编织下针，详解见图2，织20cm高后，开始袖窿减针，方法顺序为1-4-1，2-3-1，2-2-1，2-1-1，后身片的袖窿减少针数为10针。减针后，不加减针往上编织至20.6cm的高度后，从织片的中间留28针不织，可以收针，亦可以留作编织衣领连接，可用防解别针锁住，两侧余下的针数，衣领侧减针，方法为2-2-1，2-1-1，最后两侧的针数余下21针，收针断线。

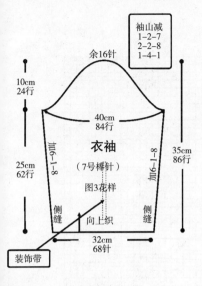

袖山减
1-2-7
2-2-8
1-4-1

余16针

10cm
24行

40cm
84行

衣袖
（7号棒针）

图3花样

35cm
86行

25cm
62行

加6-1-8

加6-1-8

向上织

侧缝

侧缝

32cm
68针

装饰带

衣袖片制作说明：

1. 两片衣袖片，分别单独编织。

2. 从袖口起织，起68针编织下针，袖口有个内藏边，编织方法是起68针后，编织6行下针，再织1行上针，即第7行是上针，然后，从第8行起，同样编织6行后，从起针处挑针并针编织，将袖口边变成双层。从第8行起，全部编织下针，织12行后，两侧同时加针编织，加针方法为6-1-8，加至62行。

3. 袖山的编织：从第一行起要减针编织，两侧同时减针，减针方法如图：依次1-4-1，2-2-8，1-2-7，最后余下16针，直接收针后断线。

4. 同样的方法再编织另一衣袖片。

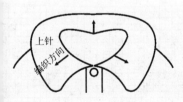

上针

编织方向

衣领制作说明：

1. 一片编织完成。衣领是在前后身片缝合好后的前提下起编的。

2. 沿着衣领边挑针起织，挑出的针数，要比衣领沿边的针数稍多些，起织上针，共编织31行，再织8行下针，收针断线。

3. 将8行下针对折沿边缝合，完成后穿入单独编织的装饰绳。

图1 前身片花样图解

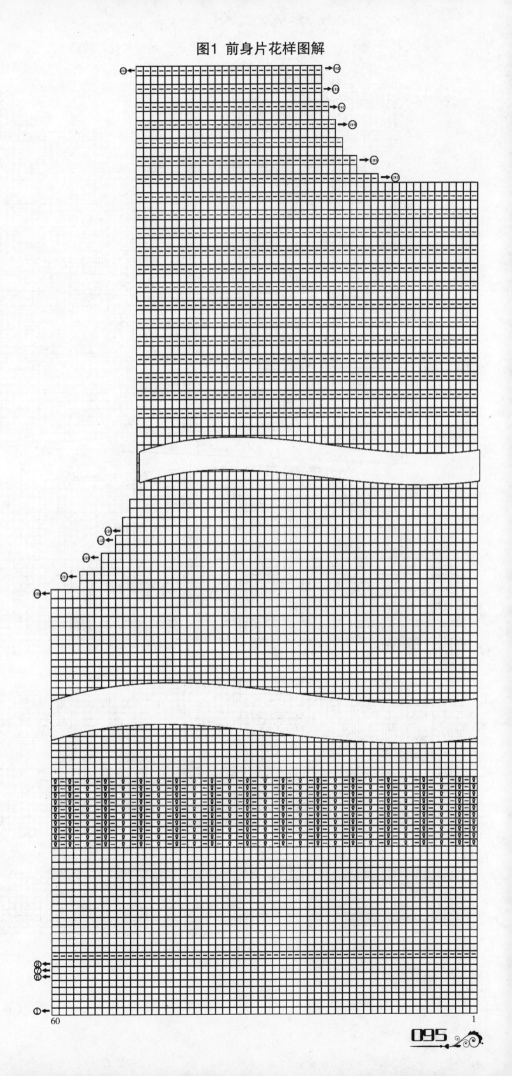

60

1

图2 后身片花样图解

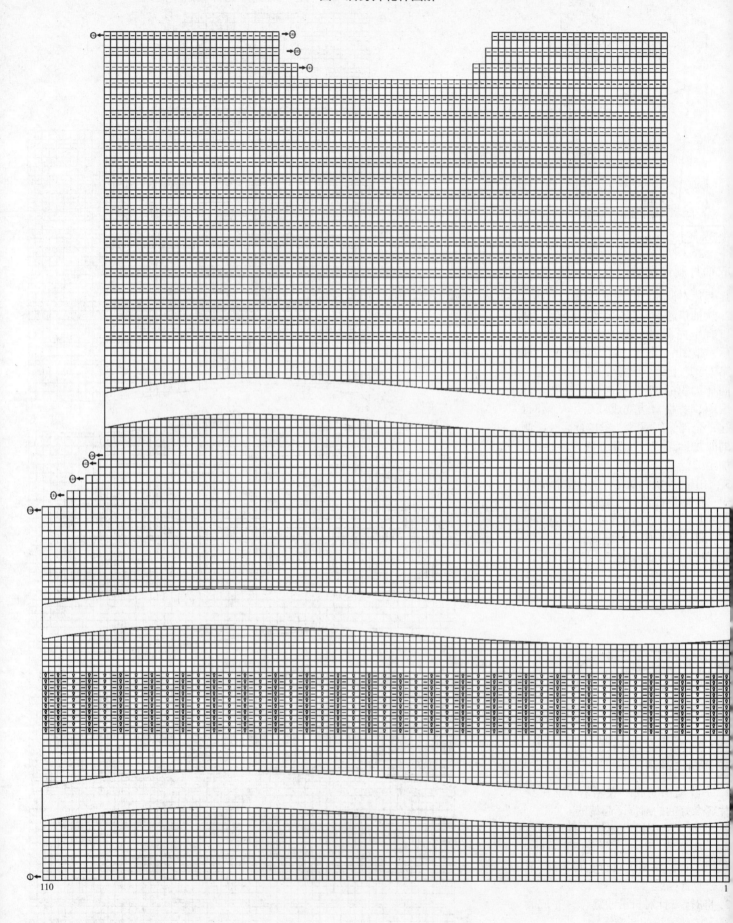

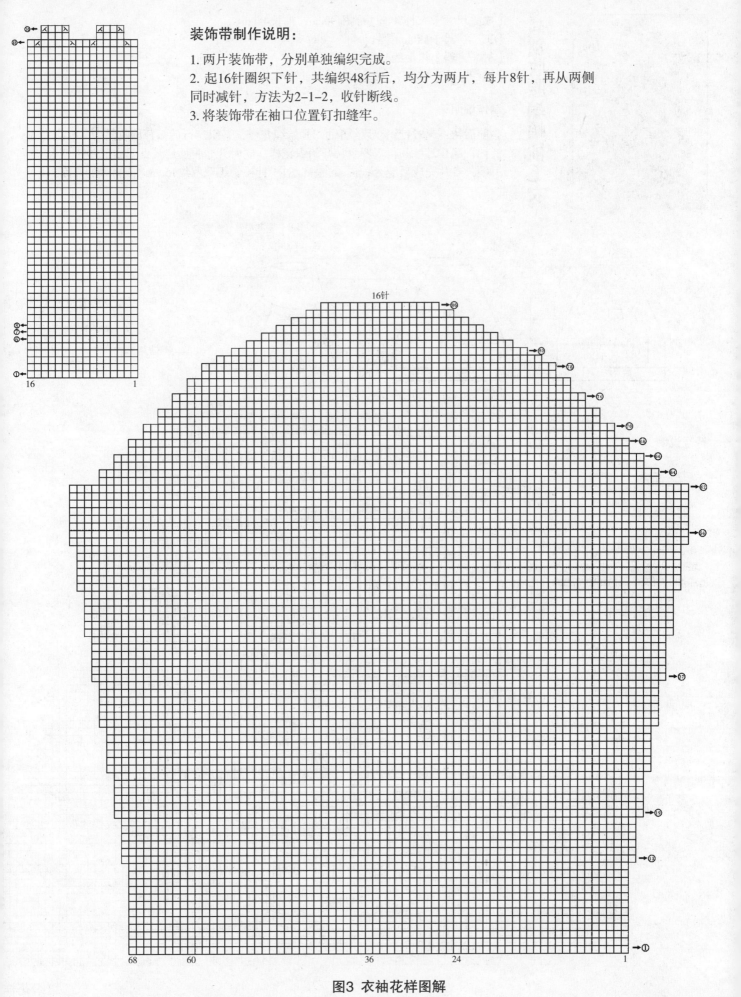

装饰带制作说明：

1. 两片装饰带，分别单独编织完成。

2. 起16针圈织下针，共编织48行后，均分为两片，每片8针，再从两侧同时减针，方法为2-1-2，收针断线。

3. 将装饰带在袖口位置钉扣缝牢。

16针

图3 衣袖花样图解

高领收腰蝙蝠袖毛衣

【成品尺寸】衣长50cm，胸围90cm，袖长44cm
【工　　具】4.0mm棒针
【材　　料】粗毛线450g
【编织密度】18针×20行=10cm²

制作说明：

1. 前后片：起82针织双罗纹6cm，开始织花样，平织20行后，开始收插肩，直到完成。
2. 袖：起102针织6行双罗纹，开始织花样，同时开始收插肩，直至收至30针。
3. 领：各片完成后缝合，挑领，一针对一针挑领织双罗纹15cm，或喜欢的高度。

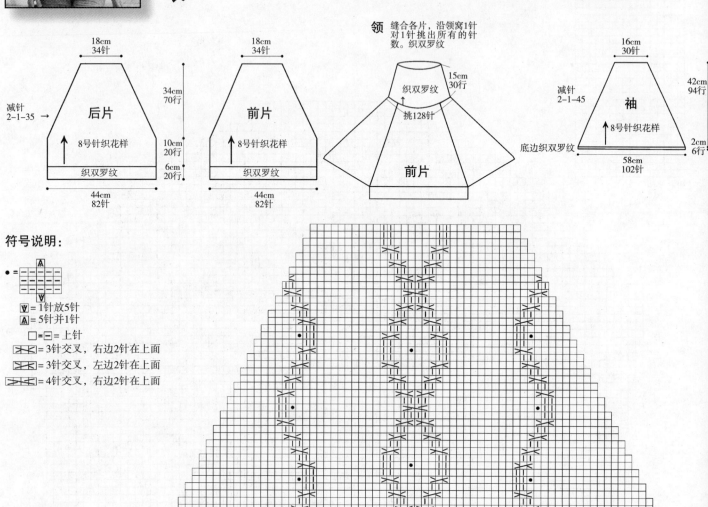

领　缝合各片，沿领窝1针对1针挑出所有的针数。织双罗纹

后片
18cm 34针
34cm 70行
8号针织花样
10cm 20行
6cm 20行
织双罗纹
44cm 82针
减针 2-1-35 →

前片
18cm 34针
8号针织花样
织双罗纹
44cm 82针

15cm 30行
织双罗纹
挑128针
前片

袖
16cm 30针
42cm 94行
减针 2-1-45
8号针织花样
底边织双罗纹
2cm 6行
58cm 102针

符号说明：

• = A / V

V = 1针放5针
A = 5针并1针
□ = − = 上针
= 3针交叉，右边2针在上面
= 3针交叉，左边2针在上面
= 4针交叉，右边2针在上面

前后片中心
袖中心

纺织花样

个性大翻领外套

【成品尺寸】见图
【工　　具】3.0mm棒针
【材　　料】中粗毛线550g
【编织密度】22针×26行=10cm²

制作说明：

带袖披肩，分两部分编织。

1. 先织衣身，从袖子的一端开始；起48针织2cm扭针单罗纹，织袖，加针直到织够袖长时开始织身片，以身中心为界两端各加4针；织好身片织另一袖，这时是减针，直至织完。

2. 缝合：把衣片对折，缝好两只袖。

3. 领与圆摆：另起针领与衣摆，按编织花样织递减花样36组；织好后与衣片缝合，完成。

符号说明：

□ = - = 上针
Q = 扭针
◁ = 上针2针并1针

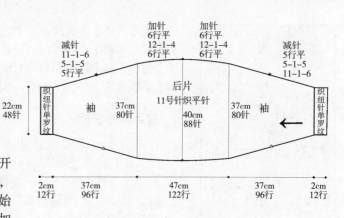

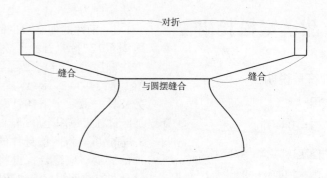

扭针单罗纹

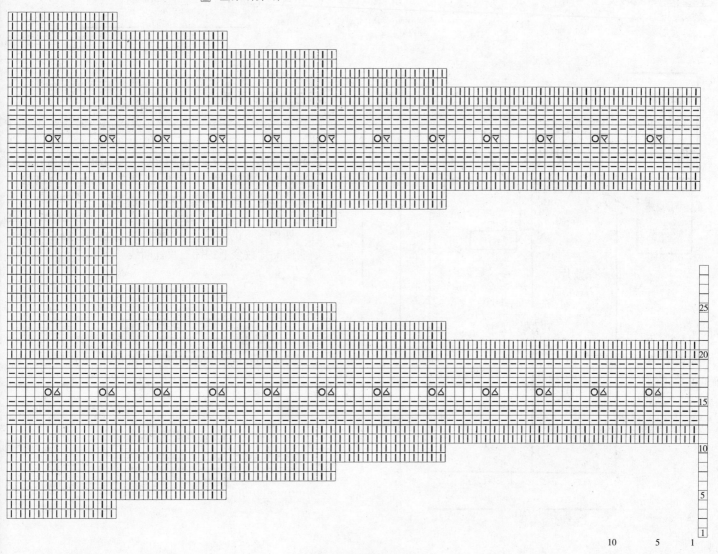

圆摆编织花样图

甜美宽松长裙

符号说明：

□ = 上针

□ = □ = 下针

☒☒☒ = 右上2针与左下1针交叉

☒☒☒ = 2针相交叉，右2针在上

☒☒☒☒ = 3针相交叉，右3针在上

2-1-3　行-针-次

【成品尺寸】衣长86cm，胸围110cm，袖长49cm，肩宽34cm
【工　　具】8号棒针，钩针
【材　　料】粉色毛绒线1200g
【编织密度】23针×34行=10cm²

前片制作说明：

1. 前片为一片编织，从衣摆起针编织，往上编织至肩部。

2. 起121针编织前片，共编织190行后，从织片的中间平收7针，两侧不加减针织至215行后开始袖窿减针，方法顺序为1-6-1，2-2-2，2-1-4，4-1-1，前片的袖窿减少针数为15针。编织至222行，开始领窝减针，减针方法顺序为1-4-1，2-3-1，2-2-2，2-1-4，4-1-2，8-1-1，领窝共减针为18针。最后余下19针，减针后，不加减针往上编织至肩部。

3. 完成后，将两前身片的侧缝与后身片的侧缝对应缝合，再将两肩部对应缝合。衣边钩织装饰边花样。

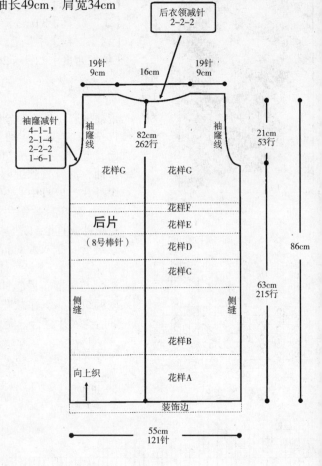

后身片制作说明：

1. 后身片为一片编织，从衣摆起针编织，往上编织至肩部。

2. 起121针编织后身片花样A至G，共编织215行后开始袖窿减针，方法顺序为1-6-1，2-2-2，2-1-4，4-1-1，后身片的袖窿减少针数为15针。减针后，不加减针往上编织至82cm的高度后，从织片的中间留45针不织，收针，两侧余下的针数，衣领侧减针，方法为2-2-2，最后两侧的针数余下19针，收针断线。

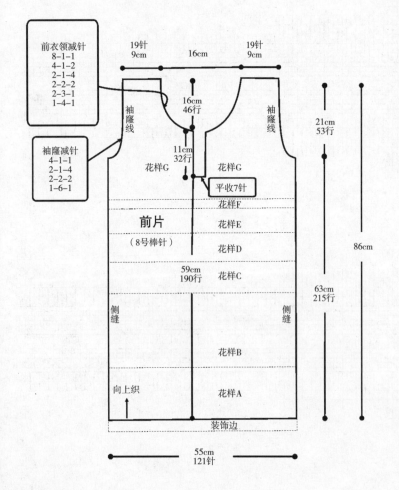

衣边装饰花样图解

衣领花样图解

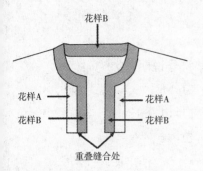

花样B

花样A ← → 花样A

花样B ← → 花样B

重叠缝合处

衣领制作说明：

1. 钩织完成领片。衣领是在前后身片缝合好后的前提下起钩的。

2. 沿着衣襟边分别起针钩织两侧衣领花样A，收针断线，另起针沿衣领边钩织衣领花样B。收针断线。

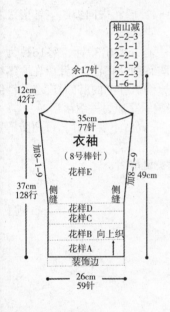

袖山减
2-2-3
2-1-1
2-2-1
2-1-9
2-2-3
1-6-1

余17针

12cm 42行

35cm 77针

衣袖
（8号棒针）

花样E

加8-1-9   加8-1-9

37cm 128行

49cm

侧缝   侧缝

花样D
花样C

花样B 向上织
花样A

装饰边

26cm 59针

衣袖片制作说明：

1. 两片衣袖片，分别单独编织。

2. 从袖口起织，起59针依次编织花样A至E，不加减针织50行后，两侧同时加针编织，加针方法为8-1-9，加至128行。

3. 袖山的编织：从第一行起要减针编织，两侧同时减针，减针方法如图：依次1-6-1，2-2-3，2-1-9，2-2-1，2-1-1，2-2-3，最后余下17针，直接收针后断线。另起针钩好袖口装饰花样。

4. 同样的方法再编织另一衣袖片。

5. 将两袖片的袖山与衣身的袖窿线力对应缝合，再缝合袖片的侧缝。

图1 上身片花样图解

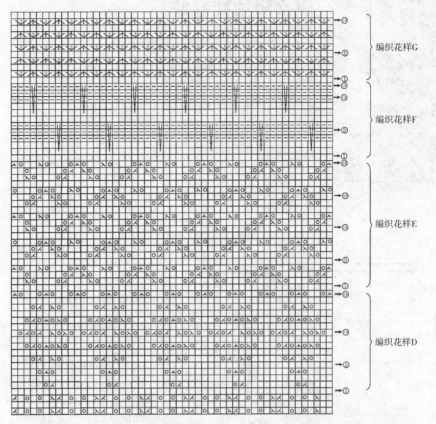

编织花样G

编织花样F

编织花样E

编织花样D

图2 下身片花样图解

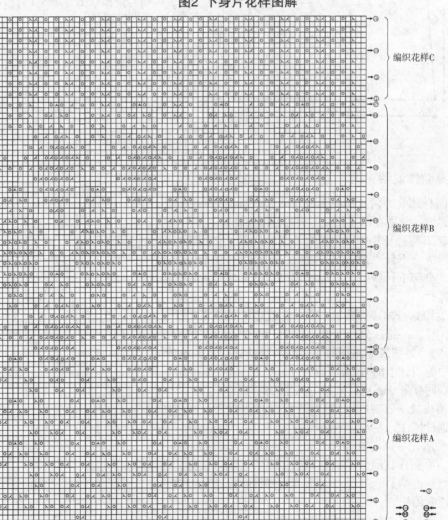

编织花样C

编织花样B

编织花样A

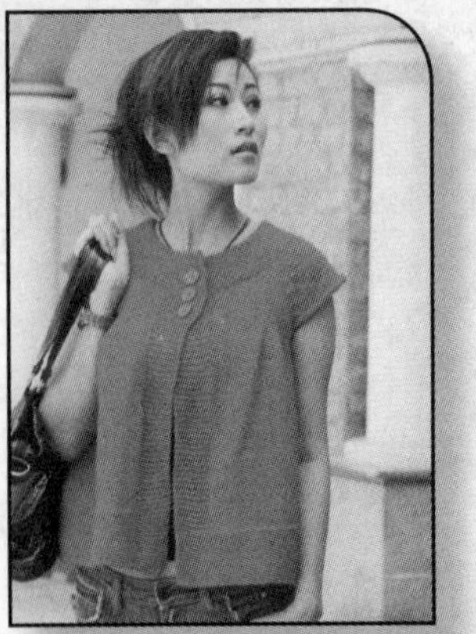

淑女短袖娃娃装

【成品尺寸】衣长56cm，胸围144cm，袖长11cm
【工　　具】7号棒针，缝衣针
【材　　料】红色羊绒线600g。红色大扣子3枚
【编织密度】21针×25.5行=10cm^2

符号说明：

⊟=上针
□=⊡=下针
Ω=扭针
⋋=右上2针并1针
⋌=左上2针并1针
4-2-7　行-针-次

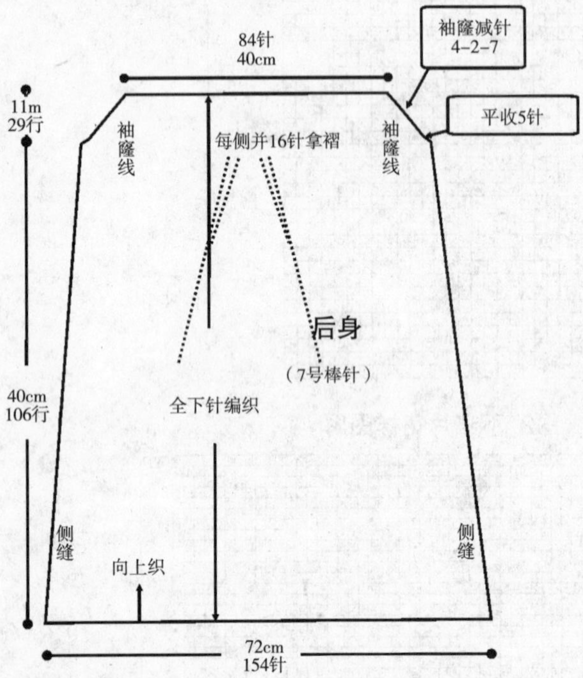

84针
40cm
袖窿减针
4-2-7
平收5针
11m
29行
袖窿线
袖窿线
每侧并16针拿褶
后身
（7号棒针）
全下针编织
40cm
106行
侧缝
侧缝
向上织
72cm
154针

后身制作说明：

1. 后身片为整片编织，从下摆起154针后，来回编织下针形成衣边，往上全部下针编织至袖窿处。
2. 编织到分袖窿行数时后身片在中心处留出32针，每16针为一组，分为二组，其中一组的8针用防解别针锁住，8针留在原编织针上，然后将防解别针上的8针与原编织针上的8针对应合并针编织成活褶，详见分解图。同样方法编织完成另一组活褶。
3. 袖窿处平收5针后按4-2-7减针，完成后不要收针，可用防解别针锁住。
4. 整体完成后两侧在衣片的反面沿侧缝缝合。

前身制作说明：

1. 前身片分为两片编织，左身片和右身片各一片全下针编织，分别在两片相反方向收针减出袖窿。
2. 起织与后身片相同，前身片起84针后，来回编织下针形成上下针衣边，共来回编织30行后，往上编织衣身，全部下针编织。门襟处留出12针来回织下针作为门襟边。
3. 编织到分袖窿行数时左右身片在中心处留出20针，每10针为一组，分为二组，其中一组的5针用防解别针锁住，5针留在原编织针上，然后将防解别针上的5针与原编织针上的5针对应合并针编织成活褶，详见分解图。同样方法编织完成另一身片的活褶。
4. 袖窿处平收7针按4-2-7减针后，不要收针，可用防解别针锁住，左右片相同。
5. 最后在一侧前身片领口处钉上扣子，不钉扣子的一侧，要制作相应数目的扣眼，扣眼的编织方法为，在当行收起数针，在下一行重起这些针数，这些针数两侧正常编织。

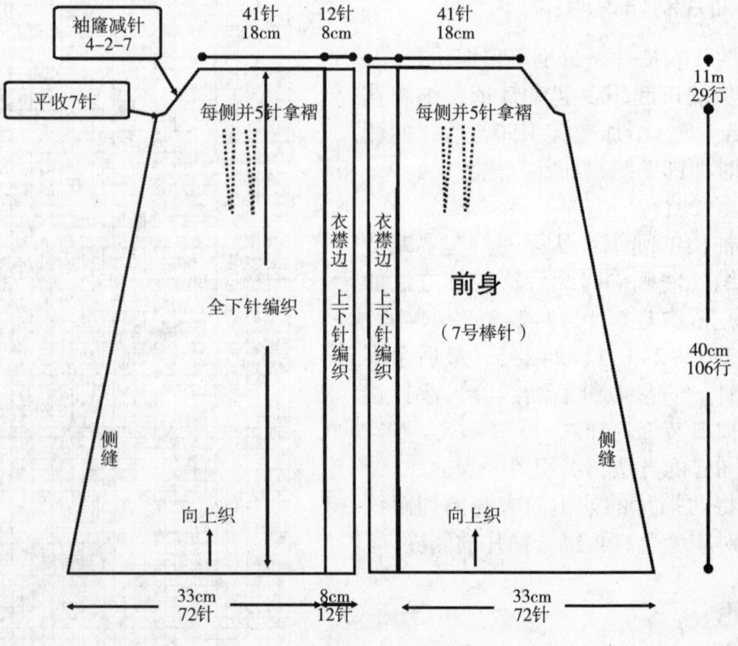

袖窿减针
4-2-7
平收7针
41针
18cm
12针
8cm
41针
18cm
11m
29行
每侧并5针拿褶
每侧并5针拿褶
衣襟边
上下针编织
衣襟边
上下针编织
全下针编织
前身
（7号棒针）
40cm
106行
侧缝
侧缝
向上织
向上织
33cm
72针
8cm
12针
33cm
72针

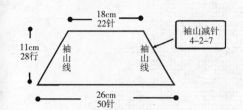

袖片图

18cm
22针

11cm
28行

袖山线

袖山线

袖山减针
4-2-7

26cm
50针

衣袖片制作说明：

1. 两片衣袖片，分别单独编织。

2. 袖山的编织：起50针编织下针，不加减针织4行后，两侧同时减针编织，减针方法为4-2-7，减至28行余下22针，然后收针断线。

3. 同样的方法再编织另一袖山片。

4. 将两袖山与衣身的袖窿线边对应缝合。

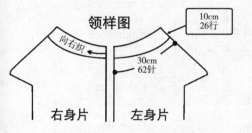

领样图

向右织

10cm
26行

30cm
62针

右身片   左身片

围领制作说明：

1. 连接身片与袖片的袖窿线、袖山线缝合。

2. 从右片门襟边处开始挑织上下针围领边，编织到所有袖窿、袖山接缝处时要2针并1针挑织，这样不会留空隙，一直挑织到左门襟边，然后按照领边花样图开始编织。门襟边仍按原门襟边花样编织，挑织的领边花样要与原门襟边花样一致。

3. 不用加减针完成26行上下针领边后从衣片正面收针完成。

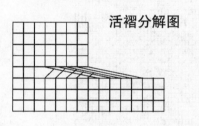

活褶分解图

活褶制作说明：

1. 以10针为一组。

2. 将1~5号留在原编织针上，6~10号用防解别针锁住，然后将防解别针上的6对应原针上的1号合并针编织成A；防解别针上的7对应原针上的2号合并针编织成B，以此类推完成其他合并针。

3. 全部合并完成后继续编织下针，自然形成一个活褶。

领边、门襟边花样图解

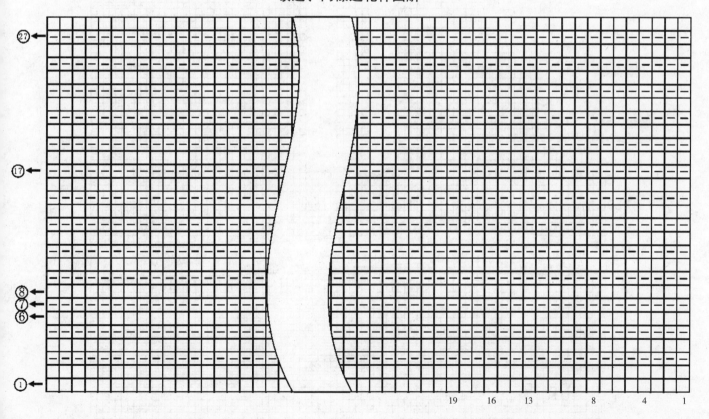

后身片花样图解

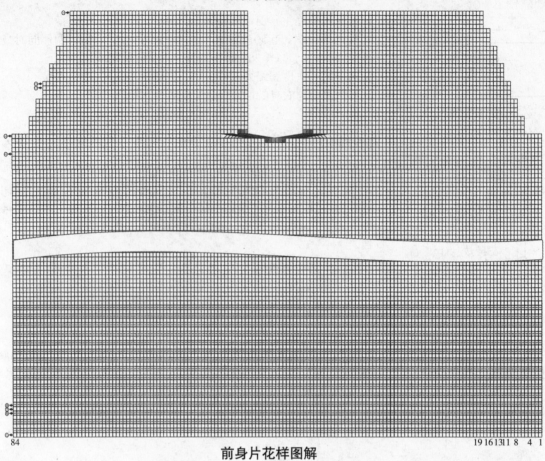

84
19 16 13 11 8 4 1

前身片花样图解

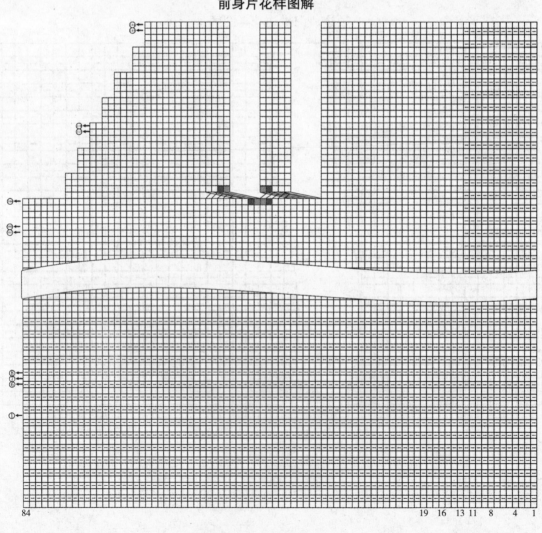

84
19 16 13 11 8 4 1

时尚高腰小外套

【成品尺寸】衣长75.5cm，胸围130cm，肩宽36cm
【工　　具】10号棒针，缝衣针
【材　　料】棕色羊绒线300g
【编织密度】24针×32行=10cm²

符号说明：

□=上针

□=□=下针

回=镂空针

☑=右上2针并1针

☒=中上3针并1针

2-1-3　　行-针-次

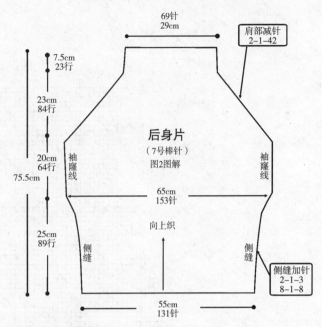

69针
29cm

肩部减针
2-1-42

7.5cm
23行

23cm
84行

后身片
（7号棒针）
图2图解

20cm
64行

75.5cm

袖窿线

65cm
153针

向上织

袖窿线

25cm
89行

侧缝

侧缝

侧缝加针
2-1-3
8-1-8

55cm
131针

后身片制作说明：

1. 后身片为一片编织，从衣摆起织，往上编织至肩部。

2. 起131针编织单罗纹针，共编织18行，从第19行开始衣片两侧加针，方法为8-1-8，2-1-3，后身片侧加针的针数为11针。加针后，不加减针往上编织，袖窿边的花样有所不同，详细图解见图1。至45cm的高度后，从袖窿边两侧同时减针，减针方法2-1-42。最后余69针不加减继续编织，第259行后，收针断线。

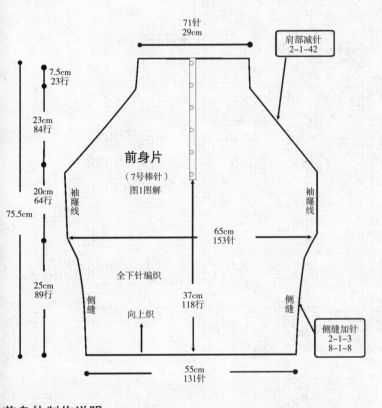

71针
29cm

肩部减针
2-1-42

7.5cm
23行

23cm
84行

前身片
（7号棒针）
图1图解

20cm
64行

75.5cm

袖窿线

袖窿线

65cm
153针

全下针编织

25cm
89行

侧缝

向上织

37cm
118行

侧缝

侧缝加针
2-1-3
8-1-8

55cm
131针

前身片制作说明：

1. 前身片为一片编织，从衣摆起织，往上编织至肩部。

2. 起131针编织单罗纹针，共编织18行，从第19行开始衣片两侧加针，方法为8-1-8，2-1-3，前身片侧加针的针数为11针。加针后，不加减针往上编织，袖窿边的花样有所不同，详细图解见图1。至45cm的高度后，从袖窿边两侧同时减针，减针方法2-1-42，最后余69针不加减继续编织，第259行后，收针断线。编织到第118行时，从织片的中间平收8针，详细编织图解见图1。

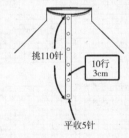

挑110针

10行
3cm

平收5针

衣领制作说明：

1. 衣领是单片编织。

2. 沿一侧领边挑针起织领片，挑出的针数，要比衣领沿边的针数稍多些，然后按照图3的花样起织，共编织10行后，收针断线。

3. 同样的方法再编织另一领片，完成后，将平收针处缝实两片衣领接头。最后在一侧领边钉上扣子。不钉扣子的一侧，要制作相应数目的扣眼，扣眼的编织方法为，在当行收起数针，在下一行重起这些针数，这些针数两侧正常编织。

图3 衣领花样图解

⑩

①

图2 后身片花样图解

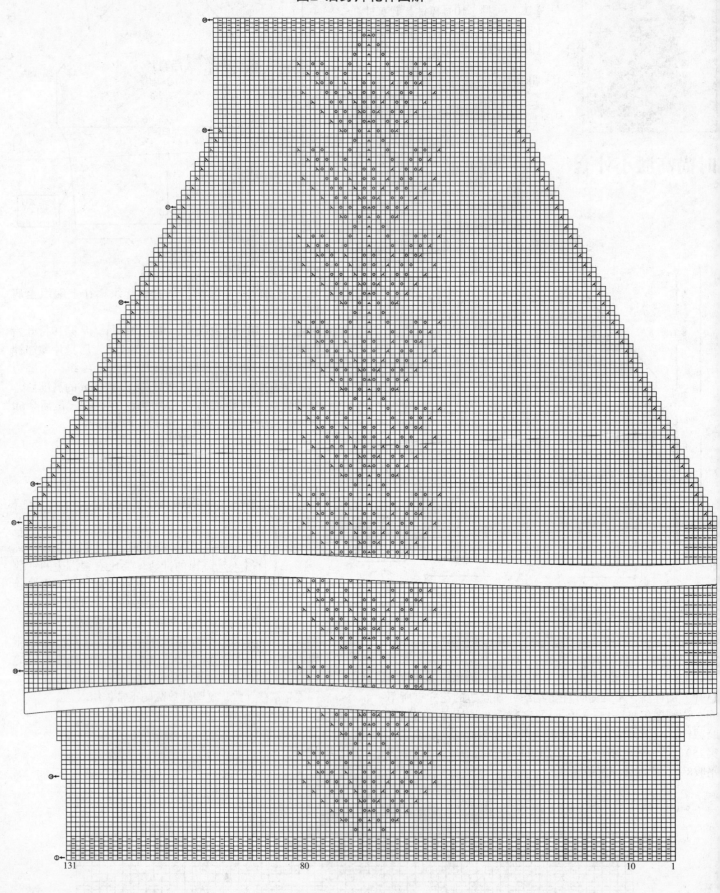

131   80   10   1

图1 前身片花样图解

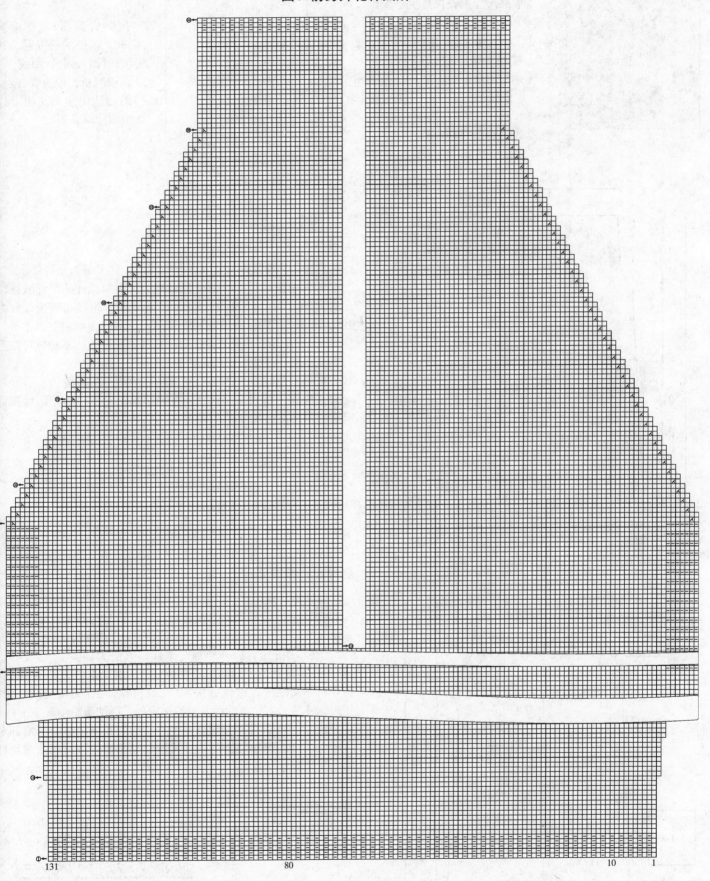

131　　　　　　　　　　　　　80　　　　　　　　　　　　10　　1

连帽无袖长裙

【成品尺寸】衣长71cm，胸围
　　　　　86cm，肩宽28cm
【工　　具】6号棒针
【材　　料】红色羊毛线700g
【编织密度】19针×25行＝10cm²

帽子
（6号棒针）
（图3图解）

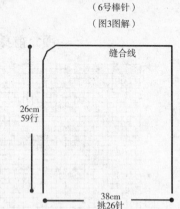

缝合线

26cm
59行

38cm
挑26针

帽子制作说明：

1. 一片编织完成。先缝合
完成肩部后再起针挑织帽
片。
2. 挑59针按图3花样编织
26cm×38cm的长方形，共
编织59行后，收针断线。
3. 帽顶对折，沿边缝合。
4. 沿边钩出装饰花边。详
细编织图解见图4。

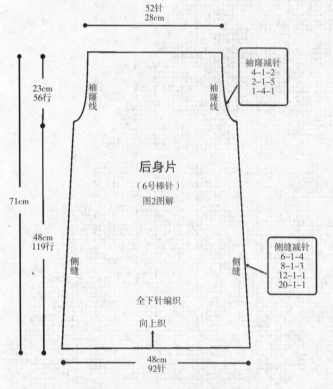

52针
28cm

袖窿减针
4-1-2
2-1-5
1-4-1

袖窿线　　袖窿线

23cm
56行

后身片
（6号棒针）
图2图解

71cm

48cm
119行

侧缝　　侧缝

侧缝减针
6-1-4
8-1-3
12-1-1
20-1-1

全下针编织

向上织

48cm
92针

后身片制作说明：

1. 后身片为一片编织，从衣摆起针编织，往上编织至肩部。
2. 起92针编织后身片，编织到33行，从第34行开始侧缝减针，
方法为20-1-1，12-1-1，8-1-3，6-1-4，侧缝共减少针数为
9针。共编织119行后开始袖窿减针，方法为1-4-1，2-1-5，
4-1-2，后身片的袖窿减少针数为11针。减针后，不加减针往上
编织至肩部。详细编织图解见图2。
3. 完成后，将后身片的侧缝与前身片的侧片对应缝合，肩部对
应缝合10针。留出领窝针，连接继续编织帽子，可用防解别针
锁住，领窝不加减针。

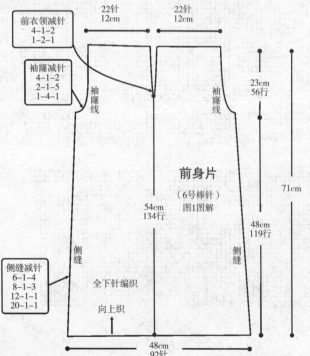

前衣领减针
4-1-2
1-2-1

22针　　22针
12cm　　12cm

袖窿减针
4-1-2
2-1-5
1-4-1

袖窿线　　袖窿线

23cm
56行

前身片
（6号棒针）
图1图解

54cm
134行

71cm

48cm
119行

侧缝　　侧缝

侧缝减针
6-1-4
8-1-3
12-1-1
20-1-1

全下针编织

向上织

48cm
92针

前身片制作说明：

1. 前身片为一片编织，从衣摆起针编织，往上编织至肩部。
2. 起92针编织后身片，编织到33行，从第34行开始侧缝减针，
方法为20-1-1，12-1-1，8-1-3，6-1-4，侧缝共减少针数为
9针。共编织119行后开始袖窿减针，方法为1-4-1，2-1-5，
4-1-2，前身片的袖窿减少针数为11针。编织至133行，从第134
行开始领窝减针，减针方法为1-2-1，4-1-2，领窝共减针为
5针。减针后，不加减针往上编织至肩部。详细编织图解见图1。
3. 完成后，将后身片的侧缝与前身片的侧片对应缝合，肩部对
应缝合10针。留出领窝针，连接继续编织帽子，可用防解别针
锁住，领窝不加减针。

符号说明：

☐ ＝上针

☐＝☐＝下针

┋＝长针

2-1-3　行-针-次

图4 装饰边花样图解

图1 前身片花样图解

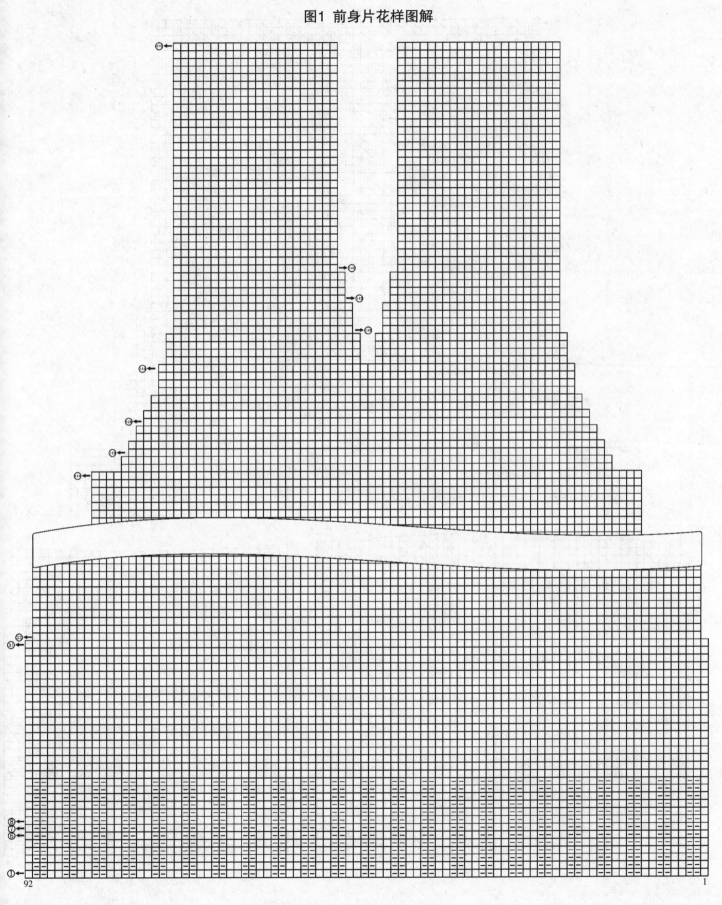

图2 后身片花样图解

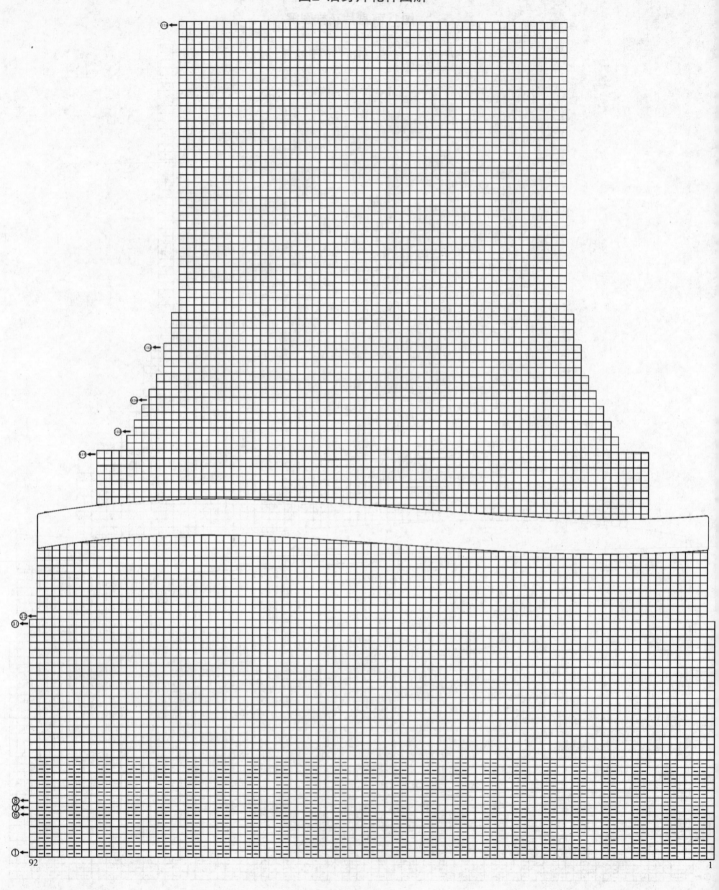

图3 帽子花样图解

对折线

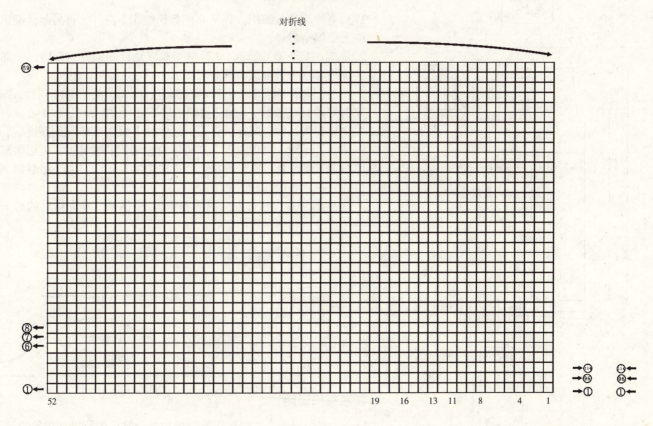

59

8
7
6

①

52

19 16 13 11 8 4 1

10
9
①

10
9
①

大翻领泡泡袖毛衣

【成品尺寸】衣长85cm，胸围
　　　　　　103cm，袖长60cm，
　　　　　　肩宽36cm
【工　　具】7号棒针
【材　　料】黑色羊毛线1500g。
　　　　　　黑色大扣子5枚
【编织密度】21针×25行＝10cm²

前身片制作说明：

1. 前身片分为四片编织，左下身片、左上身片和右下身片、右上身片各一片，对应方向相反。

2. 先编织右下身片，起78针编织双罗纹针，共编织38行后，全部下针编织，共编织47cm收针断线。详解见图1。

3. 再另起52针编织右上身片，全部下针编织，共编织16cm后，即35行，从第36行开始袖窿减针，方法为1-4-1，2-3-1，2-2-2，2-1-1，右上身片的袖窿减少针数为12针。减针后，不加减针往上编织至肩部，共编织35cm的高度后，即从第5行开始前衣领减针，衣领减针方法为1-2-1，2-2-8，2-1-1，衣领侧减针共19针，收针断线。详解见图1。

4. 将右下身片在收针方向一侧拿出1个活褶后与右上身片缝合。

5. 同样的方法再编织另一前身片，完成后，将两前身片的侧缝与后身片的侧缝对应缝合，再将两肩部对应缝合。最后在一侧前身片钉上扣子。不钉扣子的一侧，要制作相应数目的扣眼，扣眼的编织方法为，在当行收起数针，在下一行重起这些针数，这些针数两侧正常编织。

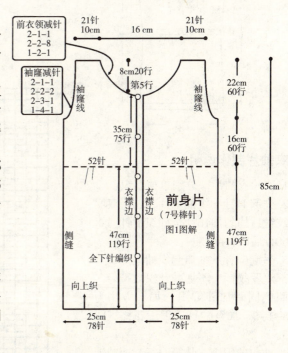

前衣领减针
2-1-1
2-2-8
1-2-1

袖窿减针
2-1-1
2-2-2
2-3-1
1-4-1

21针
10cm

16 cm

21针
10cm

8cm20行
第5行

22cm
60行

袖窿线

袖窿线

35cm
75行

16cm
60行

52针

52针

衣襟边

衣襟边

85cm

前身片
（7号棒针）
图1图解

47cm
119行

全下针编织

侧缝

侧缝

向上织

向上织

25cm
78针

25cm
78针

111

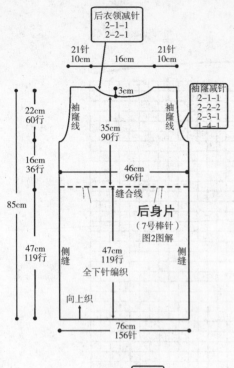

后衣领减针
2-1-1
2-2-1

21针 | 16cm | 21针
10cm | | 10cm

3cm

袖隆减针
2-1-1
2-2-1
2-3-1
1-4-1

22cm
60行

袖隆线

35cm
90行

袖隆线

16cm
36行

46cm
96针

85cm

缝合线

后身片
（7号棒针）
图2图解

47cm
119行

侧缝

47cm
119行

侧缝

全下针编织

向上织

76cm
156针

后身片制作说明：

1. 后身片为两片编织，先从衣摆起织编织下身片，再另起针编织后上身片，往上编织至肩部。

2. 先编织后下身片，起156针编织双罗纹针，编织38行后，全部下针编织，共编织47cm收针断线。详解见图2。

3. 再另起96针编织后上身片，全部下针编织，共编织16cm后，即35行，从第36行开始袖隆减针，方法为1-4-1，2-3-1，2-2-2，2-1-2，后身片的袖隆减少针数为11针。减针后，不加减针往上编织至35cm的高度后，从织片的中间留26针不织，可以收针，亦可以留作编织衣领连接，可用防解别针锁住，两侧余下的针数，衣领侧减针，方法为2-2-1，2-1-1，最后两侧的针数余下21针，收针断线。详解见图2。

4. 将后下身片在收针方向两侧各拿出2个活褶，拿完褶后的后下身片与后上身片宽度应相等，然后与后上身片缝合。

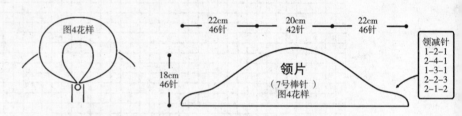

22cm | 20cm | 22cm
46针 | 42针 | 46针

18cm
46针

领片
（7号棒针）
图4花样

图4花样

领减针
1-2-1
2-4-1
1-3-1
2-2-3
2-1-2

衣领制作说明：

1. 一片编织完成。衣领是在前后身片缝合好后的前提下起编的。

2. 单独起针编织，起134针双罗纹针织，共织46行后，收针断线。

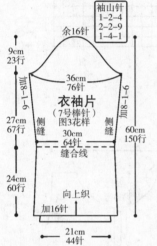

袖山针
1-2-4
2-2-9
1-4-1

余16针

9cm
23行

加8-1-6

36cm
76针

加8-1-6

衣袖片
（7号棒针）
图3花样

27cm
67行

侧缝

30cm
64针

侧缝

60cm
150行

缝合线

24cm
60行

向上织

加16针

21针
44针

衣袖片制作说明：

1. 四片衣袖片，分别单独编织。

2. 先起44针编织袖下片，10行双罗纹针后均匀加16针全部织下针，织60行后收针断线。

3. 另起64针从袖口起织袖上片，全部双罗纹针，不加减针织12行后，两侧同时加针编织，加针方法为8-1-6，加至67行。编织花样见图3。

4. 袖山的编织：从第一行起要减针编织，两侧同时减针，减针方法为1-4-1，2-2-9，1-2-4，最后余下16针，直接收针后断线。

5. 将袖下片在收针方向均匀拿小褶与袖上片缝合。

6. 同样的方法再编织另一衣袖片。

图4 衣领花样图解

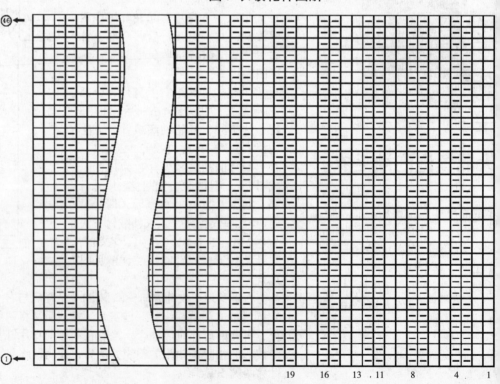

19 16 13 11 8 4 1

图1 前身片花样图解

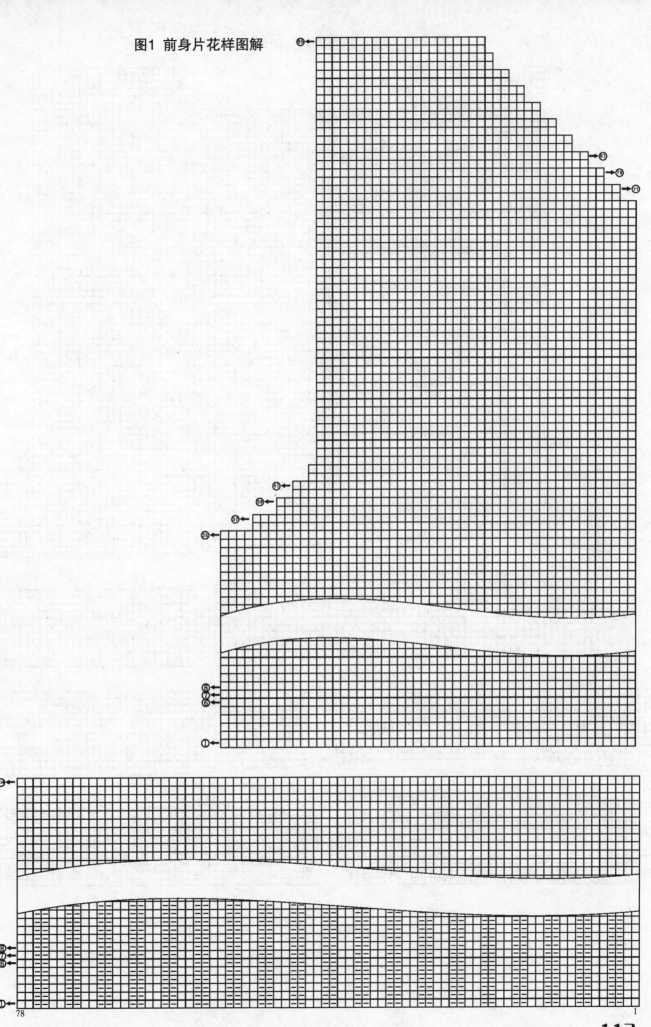

图2 后身片花样图解

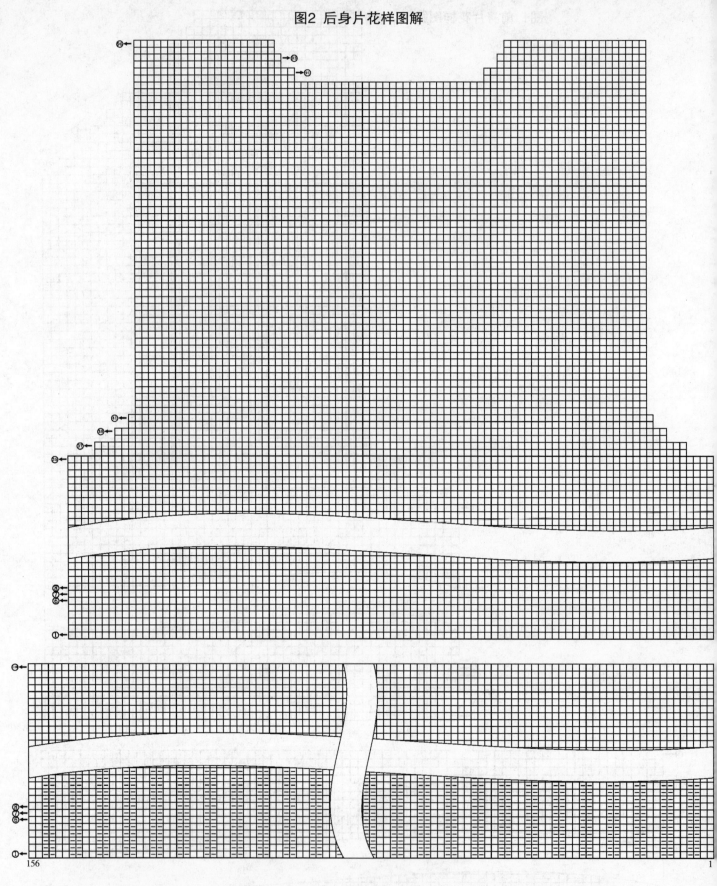

156   1

图3 衣袖花样图解

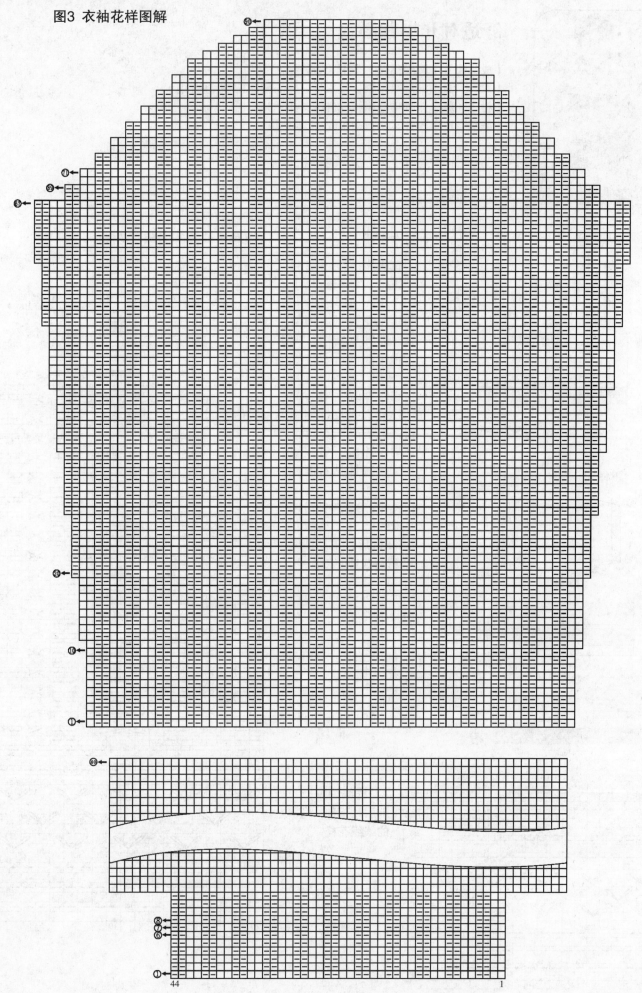

舒适对开小背心

【成品尺寸】胸围88cm，衣长45cm
【工　　具】8号棒针4根，缝衣针，5mm钩针1副（缝合用）
【材　　料】淡咖啡色粗绒线550g，扣子3枚
【编织密度】20针×20行=10cm²

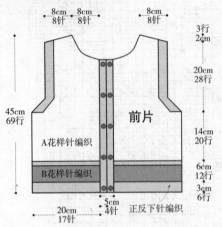

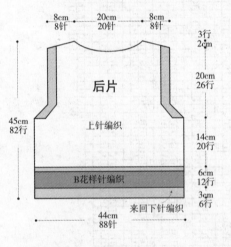

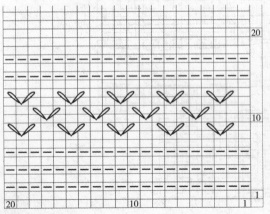

制作说明：

1. 衣前片：8号棒针起针17针，编织正反下针6行后，编织前片花样针，花样见右图所示。减针见右图。完成后在如图所示位置订上扣子。

2. 衣后片：8号棒针起针88针。正反针编织6行同前衣片衣边。织花样针12行后编织下针。减针见右图所示。

3. 领片：8号棒针沿领口挑针88针。编织花样针8行后，正反针编织8行后收边。

符号说明：

□ =下针

□ =上针

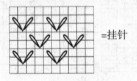

=挂针

A花样编织
前后片下部的编织花样

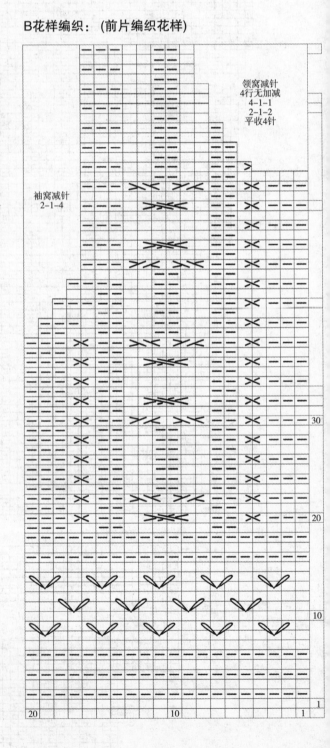

B花样编织：（前片编织花样）

领窝减针
4行无加减
4-1-1
2-1-2
平收4针

袖窝减针
2-1-4

系带长款针织衫

【成品尺寸】胸围88cm，衣长75cm
【工　　具】3号棒针4根、4号棒针4根，拉链，2mm钩针一副
【材　　料】烟灰色粗绒线850g
【编织密度】花样针部分——20针×33行=10cm²
　　　　　　　罗纹针部分——24针×40行=10cm²

符号说明：

⊟ =上针
⊡ =下针

制作说明：

1. 衣前片：用3号棒针起56针双罗纹编织28行后减针至46针换4号棒针织下针。袖窝和领窝加减针如图所示。左右片对应编织：挑织帽子后，在图示位置挑针编织双层下针门襟并安拉链。

2. 衣后片：用3号棒针起120针双罗纹针编织28行后减至100针换4号棒针织下针。完成各部分的加减针。与前片缝合后，用3号棒针起针28针编织双罗纹腰带，长度为125cm。

3. 帽片(2片)：如下图在前片领窝部位挑织领片，加针同减针部分，到后领平挑如下图所示针数。编织平针到需要高度。完成后，将两片领片缝合在一起。

4. 袖片(2片)：双罗纹起针56针，编织28行，换4号棒针编织花样针。加减针如下图所示。(共两片)缝合好后。钩编口袋并缝合在前衣片所示位置。

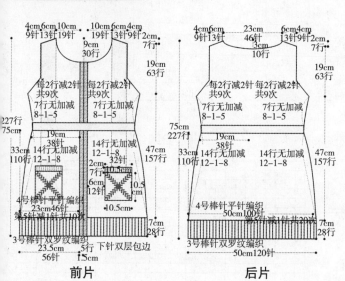

前片　　　　　　后片

帽片

袖片

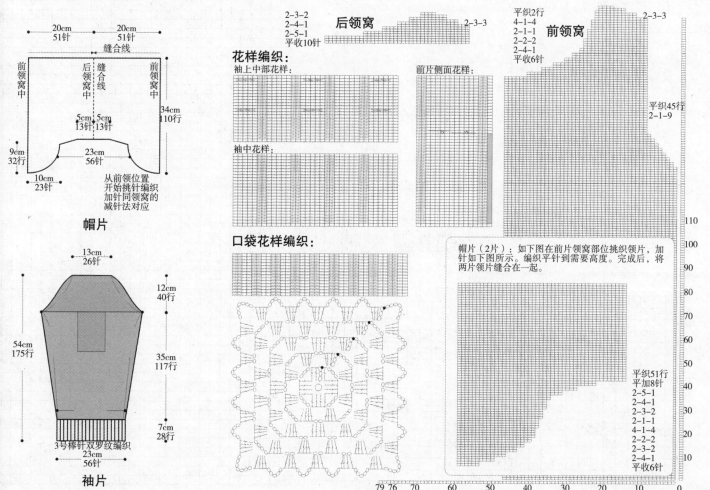

后领窝　　　前领窝

花样编织：

袖上中部花样：　　前片侧面花样：

袖中花样：

口袋花样编织：

帽片（2片）：如下图在前片领窝部位挑织领片，加针如图所示。编织平针到需要高度。完成后，将两片领片缝合在一起。

简约连帽长毛衣

【成品尺寸】胸围96cm，背肩宽35cm，衣长74cm，袖长55cm

【工　　具】3.5mm棒针

【材　　料】细线630g，纽扣4枚

【编织密度】21针×24行=10cm²

制作说明：

1. 后片由下摆处起头，编织3针下针3针上针14行后编织花样C，按衣样图收袖隆，收领窝。

2. 前片由下摆处起头，右片为例，编织3针下针3针上针14行后编织花样A，剩余19针织下针；编织56行后，换织花样B 65行，然后再换织花样A，按前片衣样图收袖隆，领窝。

3. 袖片从袖口处起针，编织双罗纹14行后编织花样C，按图收袖山。

4. 口袋起27针，编织花样A 30行，换织3针下针3针上针8行收针，织2件。

5. 帽子起88针，编织花样A 68行，按图样减针，完成后对折缝合帽顶缝。

6. 单元片完成后缝合肩缝，侧缝，装袖子，装口袋。

7. 另用棒针将前片门襟和帽沿一起挑出，织3针下针3针上针12行，右门襟留出扣眼。钉扣，整衣完成。

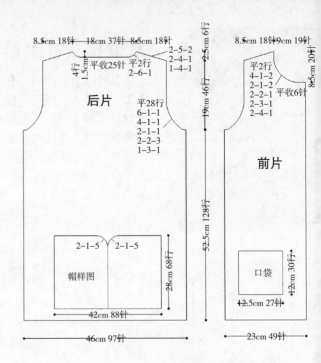

后片

前片

花样B编织图

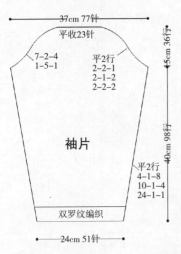

袖片

符号说明：

□=下针　⊟=下针　□=上针

⟋⟋⟋=右上3针交叉

⟍=右上2针在上，左1针在下交叉

⟋=左2针在上，右1针在下交叉

花样C编织图

花样A编织图

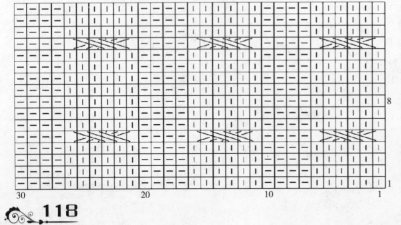

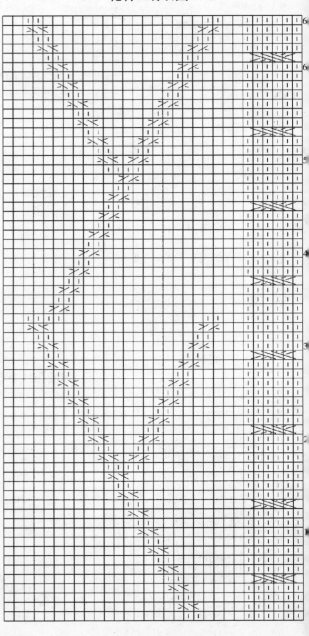

魅力中袖长裙

【成品尺寸】胸围84cm，衣长100cm，肩宽34cm，袖长26cm
【工　　具】2.25mm棒针
【材　　料】竹棉线300g
【编织密度】30针×45行=10cm²

制作说明：

1. 前片：由腰围线开始分别往上、下两个方向编织。先织上半部分：按结构图从"起点"开始，起128针织花样A到20cm后，要按相关针法图收出袖窿及前领斜线。两肩上的针留待和后片合并时再用。

2. 再织下半部分：按结构图从"起点"挑起130针往下编织，织下针到50cm时改织花样B和花样C。在织下针的同时要注意：为使裙摆形成，在两侧要按相关针法图逐渐加针，然后往下织到裙摆为止。

3. 后片：除在后袖窿及后领弧线收针方法上略有不同外，和前片编织方法基本相同。最后在后背用钩针分别钩两行短针作为装饰。

4. 袖片：织袖子是从袖口起80针往上织花样C到3cm后再往上全织下针，注意在两侧袖下线处按相关图示加针，到袖山处再收出袖山斜线，最后合并好两侧侧缝及肩缝，安装好袖子。

5. 在领围按花朵针法图钩制21朵小花连接在衣领周围。将钩织好的锁针腰带穿入花样A的孔洞中。分别在腰带两端用短针钩织两个小球。

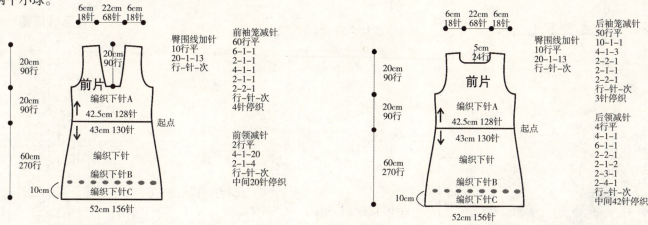

符号说明：

| = 下针　　　— □ = 上针　　　O = 加针

人 = 2针并1针　　　人 = 拨收1针

ᗅ = 滑针（上针）　　　枣针（4针长针并为1针）

↑ = 编织方向　　　= 引拨针

2针下针右上交叉　　　○ = 锁针

2针下针左上交叉　　　十 = 长针　　　× = 短针

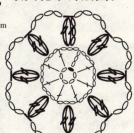
领围花朵针法图：

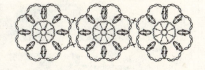
单元花朵连接针法图：

花样C针法图：
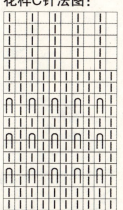

袖片（二片）
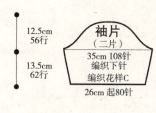

花样B针法图：

花样A针法图：
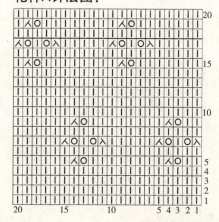

优雅中袖长裙

【成品尺寸】胸围86cm，衣长88cm，肩宽36cm，袖长28cm
【工 具】2.75mm棒针
【材 料】竹棉线400g
【编织密度】32针×45行=10cm²

制作说明：

1. 注意结构图上的不同颜色部分均与相同颜色的针法相对应。
2. 抵肩：先织抵肩（绿色部分），起45针由圆的任意位置开始织花样A。将首尾合并到圆形成后，然后分别往两个方向织花样B（往上织的部分为衣领、往下织的为衣服的上半部分）。前、后片各为130针，袖子为115针。
3. 先织衣服的上半部分：按结构图上橘黄色部分130针往下编织，也可以是前后片的260针同时往上编织。下针织到20cm时，为使裙摆形成在两侧要按相关针法图逐渐加针，然后往下织到裙摆改织花样C。在织下针的同时要注意：灰色部分为36针织上针，同时要按相关针法图织入一根弯藤。
4. 袖片：织袖子同样是按结构图上橘黄色部分115针往下编织，全织下针，往下织到袖口改织20cm花样C。最后钩织好叶子和花朵，按自己喜好安置在相应位置上。

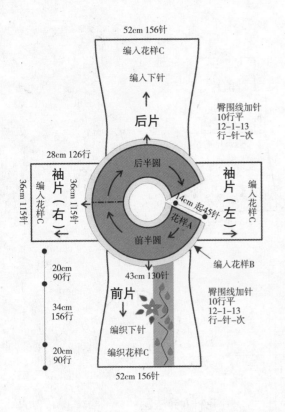

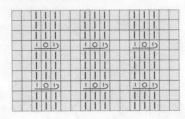

花样B针法图：

弯藤针法图：

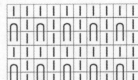

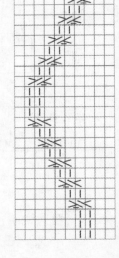

装饰花朵针法图：

花样C针法图：

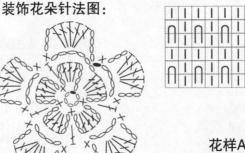

叶子针法图：

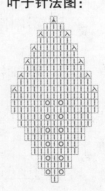

花样A针法图：

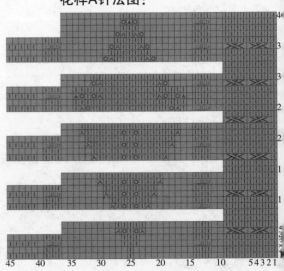

符号说明：

I ＝下针　　— ＝上针　　○ ＝加针
人 ＝2针并1针　　人 ＝拨收1针
⋂ ＝滑针（上针）　　↑ ＝编织方向
＝2针上针和1针上针右上交叉　　◦ ＝锁针
＝2针上针和1针上针左上交叉　　• ＝引拔针
＝2针下针右上交叉　　× ＝短针
＝2针下针左上交叉　　T ＝长针

独特长袖薄毛衣

【成品尺寸】衣长61cm，胸围84cm，袖长56cm

【工　　具】2.25mm棒针，2.0mm钩针，纽扣4枚

【材　　料】中细毛线550g

【编织密度】30针×36行=10cm²

领：沿领口钩一行短针，钩花样2行

挑58针　　2cm3行

挑80针

制作说明：

整件衣服分两部分，钩和织结合。

1. 后片：起132针织平针，按图示织出上面部分。前片相同。

2. 衣身织好后缝合，从底边钩出一行短针后，开始钩花样。袖同。

3. 领：沿领窝钩一行短针后，钩领边花样。

4. 钩一条长长的辫子，按图解缝合在前片，用扣子作装饰。

5. 袖口也穿上带子。

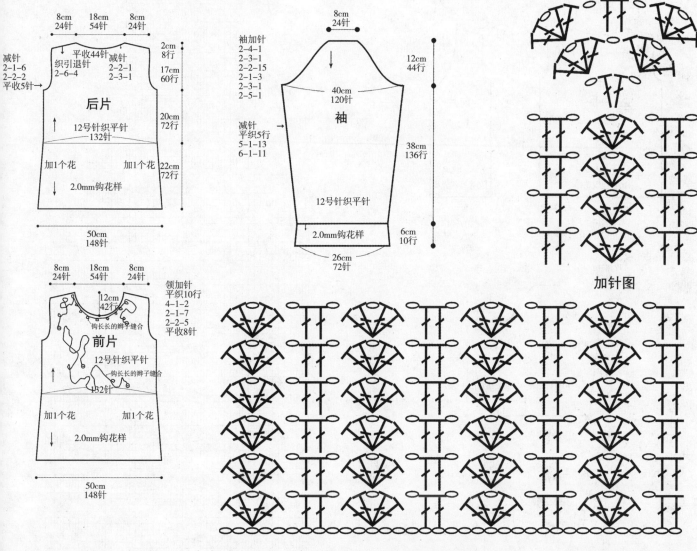

后片

减针
2-1-6
2-2-2
平收5针→

8cm 24针　18cm 54针　8cm 24针

平收44针
织引退针
2-6-4

减针
2-2-1
2-3-1

2cm 8行

17cm 60行

12号针织平针
132针

20cm 72行

加1个花　　加1个花

2.0mm钩花样

22cm 72行

50cm 148针

前片

8cm 24针　18cm 54针　8cm 24针

12cm 42行

钩长长的辫子缝合

12号针织平针

钩长长的辫子缝合

132针

加1个花　　加1个花

2.0mm钩花样

50cm 148针

领加针
平织10行
4-1-2
2-1-7
2-2-5
平收8针

袖

8cm 24针

袖加针
2-4-1
2-3-1
2-2-15
2-1-3
2-3-1
2-5-1

40cm 120针

12cm 44行

减针
平织5行
5-1-13
6-1-11

38cm 136行

12号针织平针

2.0mm钩花样

6cm 10行

26cm 72针

加针图

下摆及衣袖花样

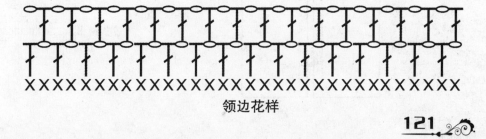

领边花样

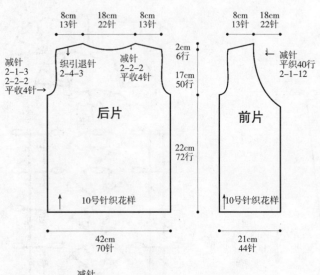

甜美镂空中袖上衣

【成品尺寸】 衣长44cm，胸围84cra，袖长56cm
【工　　具】 3.25mm棒针，3.0mm棒针，牛角扣3枚
【材　　料】 中粗毛线450g
【编织密度】 25针×25行=10cm²

制作说明：

1. 后片：起70针织花样，底边亦为花样。
2. 前片：前片基本同后片，门襟同织。
3. 领：门襟花样往上织与后片缝合。
4. 袖：另起针织袖，织花样，与身片相同。
5. 缝好扣子，完成。

减针
2-1-3
2-2-2
平收4针→

8cm 13针　18cm 22针　8cm 13针

织引退针 2-4-3

减针 2-2-2 平收4针

2cm 6行
17cm 50行
22cm 72行

后片

10号针织花样

42cm 70针

8cm 13针　18cm 22针

←减针 平织40行 2-1-12

前片

10号针织花样

21cm 44针

减针
平收18针
2-4-1
2-3-1
2-2-2
2-1-7
2-3-1
2-4-1

10cm 18针

34cm 68针

袖

12cm 24行

28cm 64行

加针
平织4针
4-1-10
平织20行

10号针织花样

28cm 48针

门襟与领

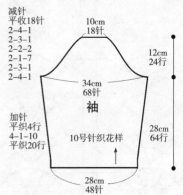

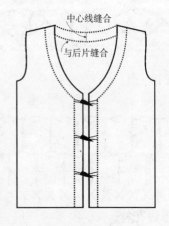

中心线缝合
与后片缝合

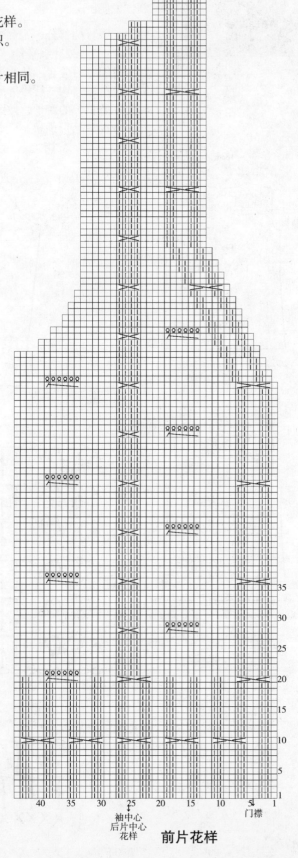

35
30
25
20
15
10
5

40　35　30　25　20　15　10　5　1

袖中心
后片中心
花样

前片花样

门襟

系带吊带背心

【成品尺寸】胸围82cm，衣长46cm
【工　　具】2.75mm棒针
【材　　料】橙色竹棉线200g
【编织密度】30针×40行=10 cm²

制作说明：

注意结构图上的不同颜色部分均与相同颜色的针法相对应。

1. 后片：先织后片。从上起76针先织8行单针罗纹，再按花样A针法图往下编织，同时在两侧要按图示加针织到10cm后不加不减往下织。当织到26cm再改织10cm花样C后收针。

2. 前片：和后片一样起76针织8行单针罗纹，再按花样A针法图往下编织，两侧要加针。织到18cm后按花样A针法图在正中间织入第1根茎。以后每隔6cm再分别织入第2和第3根茎（共5根）。织到26cm再改织10cm花样C后收针。

3. 肩带：按结构图从肩带一端起7针逐渐加到22针往另一端织花样B共20cm，到另一端同样要织成斜坡状。织好对应的另一根肩带。

4. 最后分别合并两侧侧缝，按花样B织6针的绞花，并通过绞花和肩带连接好。用钩针钩织20个花瓣及10片叶子，分别固定在茎的上端及旁边。

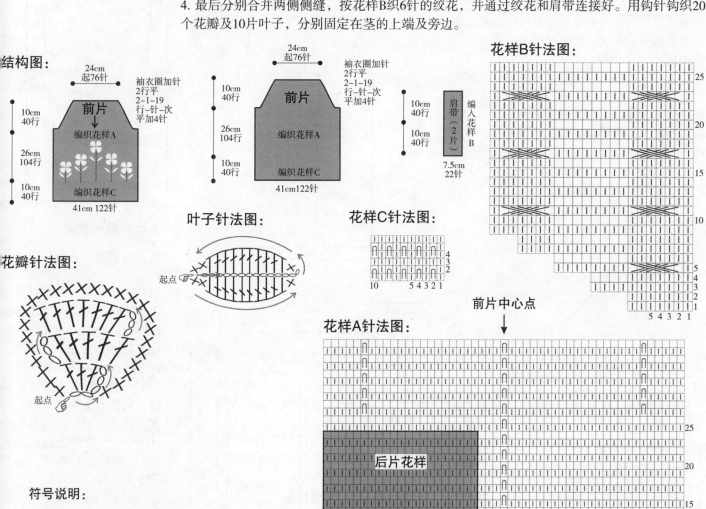

符号说明：

Ⅰ = 下针　　—　□ = 上针

∩ = 滑针（下针）　↑ = 编织方向

⟋⟍⟋⟍ = 3针右上交叉

○ = 锁针　× = 短针　＋ = 长针

宽松温暖长袖上衣

【成品尺寸】 衣长60cm，胸围102cm，袖长55cm，肩宽36cm

【工　　具】 7号棒针

【材　　料】 紫色花毛线1000g，紫红色大扣子6枚

【编织密度】 21针×25.5行＝10cm²

符号说明：

□＝上针　　　　　　　　　　図＝右上1针交叉

□＝Ⅱ＝下针

図図図＝2针相交叉，右2针在上

2-1-3　　行-针-次

后身片制作说明：

1. 后身片为一片编织，从衣摆起织，往上编织至肩部。

2. 起92针编织，衣摆有个内藏衣摆，编织方法是起92针后，编织7行下针，然后从第8行起编织花样，并从起针处挑针并针编织，将衣摆变成双层衣摆。编织38cm后，即96行，从第97行开始袖窿减针，方法为1-6-1，2-3-1，2-2-1，2-1-1，后身片的袖窿减少针数为12针。减针后，不加减针往上编织至58cm的高度后，从织片的中间留24针不织，可以收针，亦可以留作编织衣领连接，可用防解别针锁住，两侧余下的针数衣领侧减针，方法为2-2-1，最后两侧的针数余下20针，收针断线。详细编织图解见图2。

前身片制作说明：

1. 前身片分为两片编织，左身片和右身片各一片，花样对应方向相反。

2. 起织与后身片相同，前身片起56针后，编织38cm后，即96行，从第97行开始袖窿减针，方法为1-6-1，2-3-1，2-2-1，2-1-1，前身片的袖窿减少针数为12针。减针后，不加减针往上编织至肩部，衣襟边的花样有所不同，详细图解见图解1。52cm高度时，开始前衣领减针，减针方法为1-12-1，1-2-3，2-2-1，1-1-1，2-1-3，最后余下20针，织至60cm，共150行。详细编织图解见图1。

3. 同样的方法再编织另一前身片，完成后，将两前身片的侧缝与后身片的侧缝对应缝合，再将两肩部对应缝合。最后在一侧前身片钉上扣子，不钉扣子的一侧，要制作相应数目的扣眼，扣眼的编织方法为，在当行收起数针，在下一行重起这些针数，这些针数两侧正常编织。

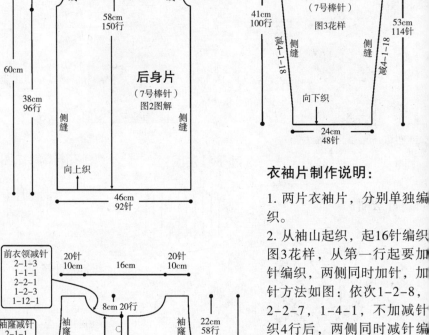

后衣领减针
2-2-1

20针 10cm　　16cm　　20针 10cm

22cm 58行　　2cm

袖窿减针
2-1-1
2-2-1
2-3-1
1-6-1

袖窿线　　　　　袖窿线

58cm 150行

60cm

后身片
（7号棒针）
图2图解

38cm 96行

侧缝　　　　侧缝

向上织

46cm 92针

袖山减
1-2-8
2-2-7
1-4-1

余16针

13cm 24行

40cm 84针

衣袖片
（7号棒针）
图3花样

41cm 100行

53cm 114行

减4-1-18　　侧缝　　侧缝　　减4-1-18

向下织

24cm 48针

衣袖片制作说明：

1. 两片衣袖片，分别单独编织。

2. 从袖山起织，起16针编织图3花样，从第一行起要加针编织，两侧同时加针，加针方法如图：依次1-2-8，2-2-7，1-4-1，不加减针织4行后，两侧同时减针编织，减针方法为4-1-18，减至48针，然后不加减针织至107行，再花样变换编织到124行，收针后断线。编织花样见图3。

3. 同样的方法再编织另一衣袖片。

4. 将两袖片的袖山与衣身的袖窿线边对应缝合，再缝合袖片的侧缝。

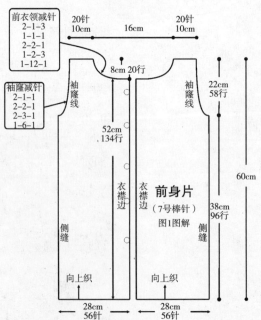

前衣领减针
2-1-3
1-1-1
2-2-1
1-2-3
1-12-1

袖窿减针
2-1-1
2-2-1
2-3-1
1-6-1

20针 10cm　　16cm　　20针 10cm

8cm 20行

袖窿线　　　　　袖窿线

22cm 58行

52cm 134行

前身片
（7号棒针）
图1图解

衣襟边　　衣襟边

60cm

38cm 96行

侧缝　　　　侧缝

向上织　　　向上织

28cm 56针　　28cm 56针

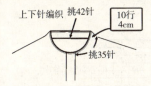

上下针编织 挑42针
10行 4cm
挑35针

衣领制作说明：

1. 一片编织完成。衣领是在前后身片缝合好后的前提下起编的。

2. 沿着门襟边挑针起织，挑出的针数，要比衣领沿边的针数稍多些，然后按照图4的花样分布，起织，共编织10行后，收针断线。

图1 前身片花样图解

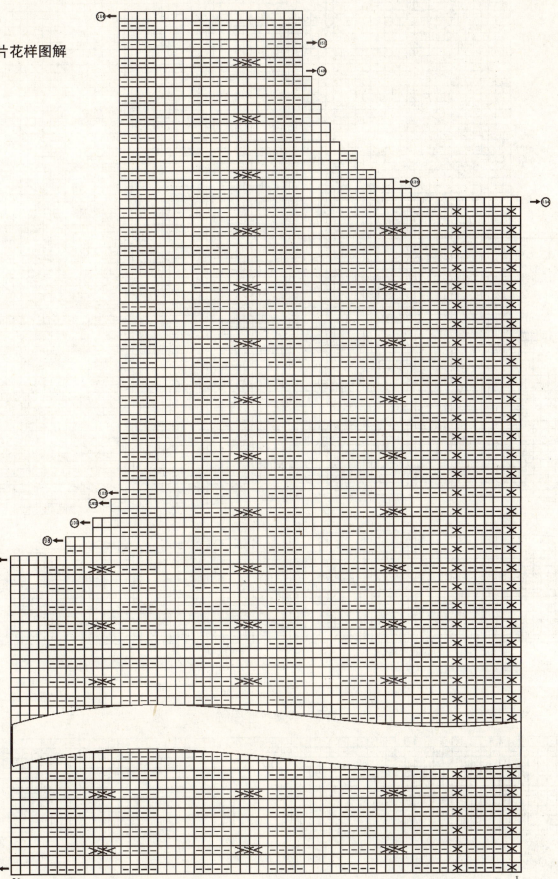

图2 后身片花样图解

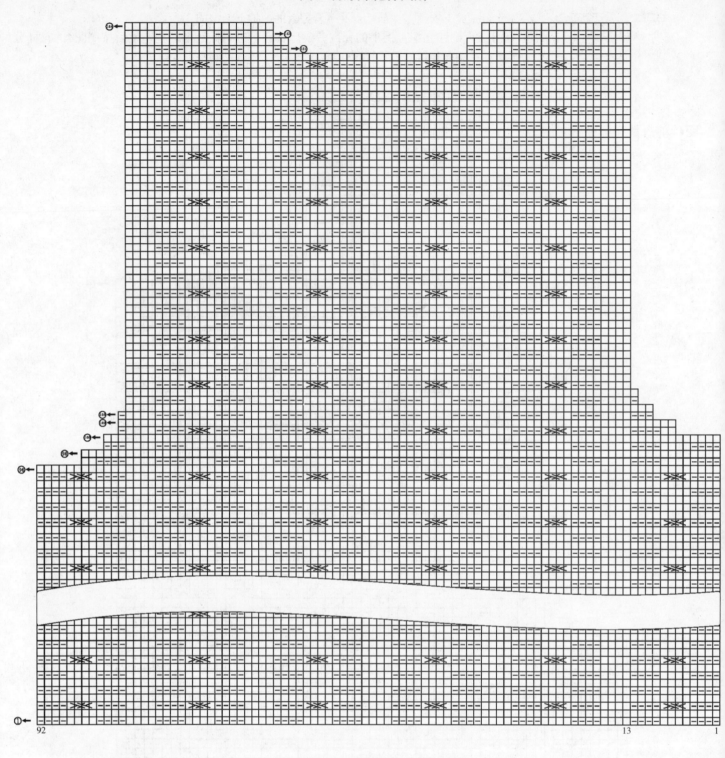

92   13   1

图4 衣领花样图解

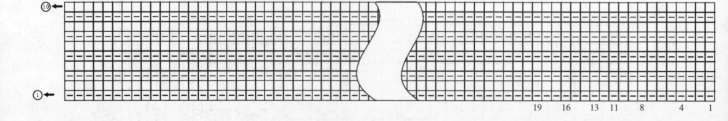

19 16 13 11   8   4   1

图3 衣袖花样图解

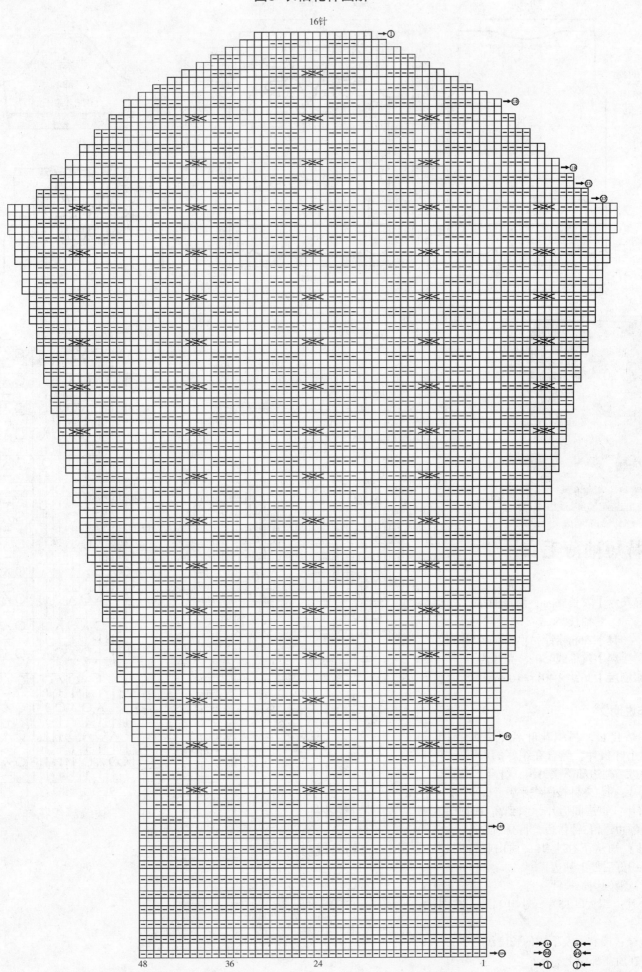

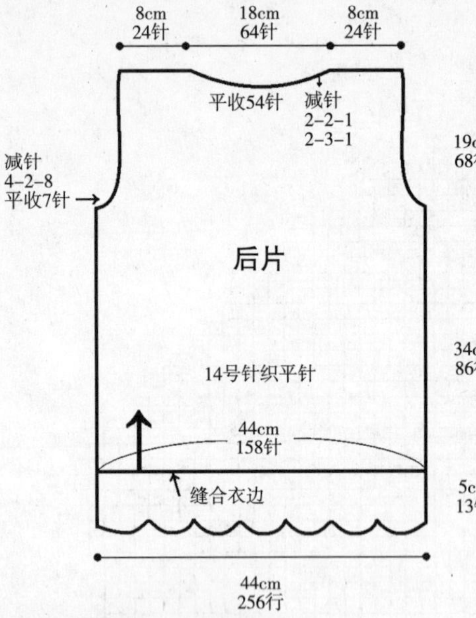
8cm
24针
18cm
64针
8cm
24针
平收54针
减针
2-2-1
2-3-1
减针
4-2-8
平收7针
19cm
68行
后片
34cm
86行
14号针织平针
44cm
158针
缝合衣边
5cm
13针
44cm
256行

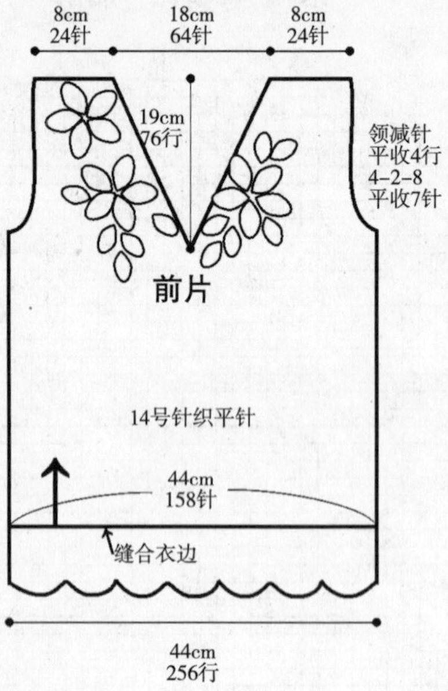
8cm
24针
18cm
64针
8cm
24针
19cm
76行
领减针
平收4行
4-2-8
平收7针
前片
14号针织平针
44cm
158针
缝合衣边
44cm
256行

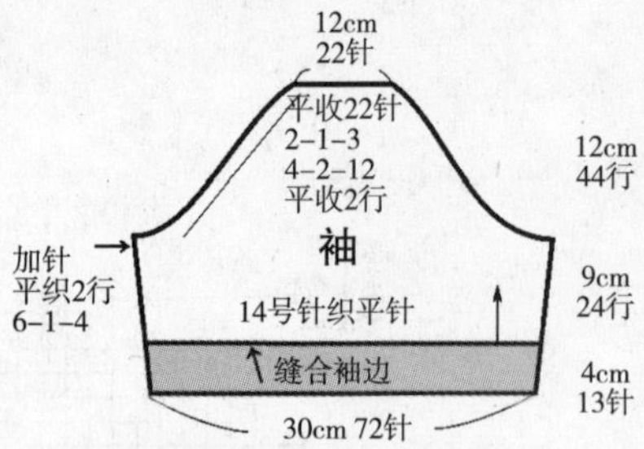
12cm
22针
平收22针
2-1-3
4-2-12
平收2行
12cm
44行
袖
加针
平织2行
6-1-4
14号针织平针
9cm
24行
缝合袖边
4cm
13针
30cm 72针

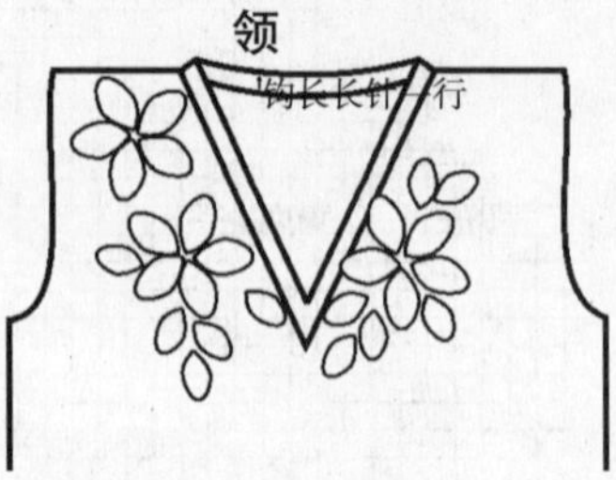
领
钩长长针一行

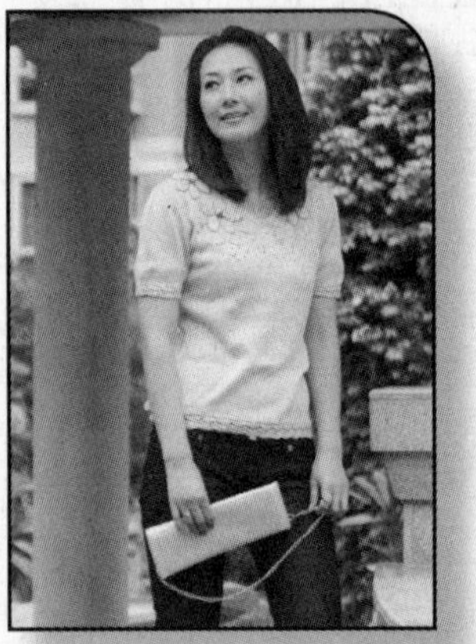

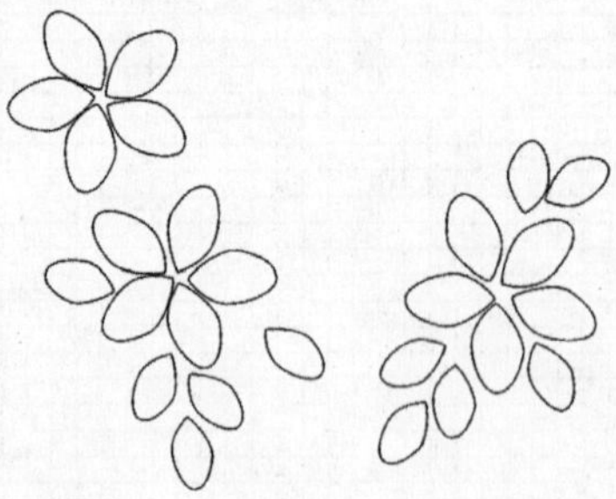

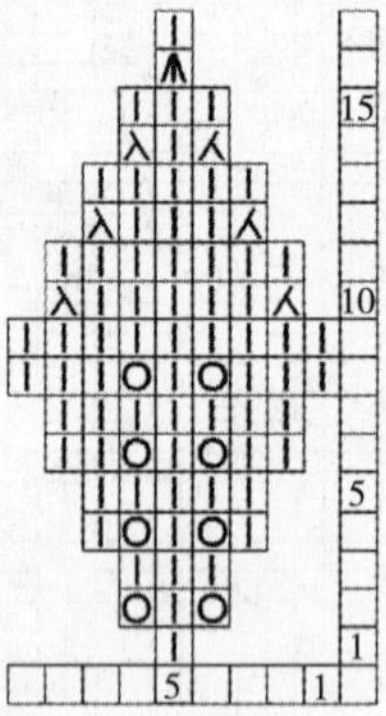
15
10
5
5
1
主叶

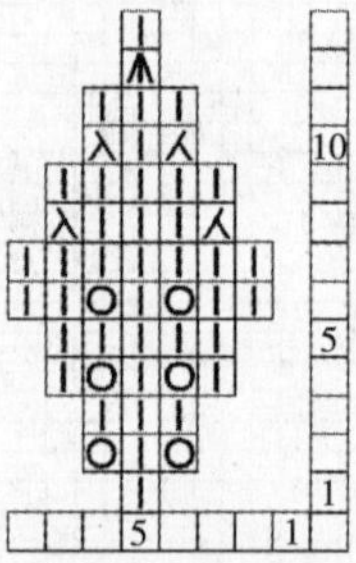
10
5
1
5
1
付叶

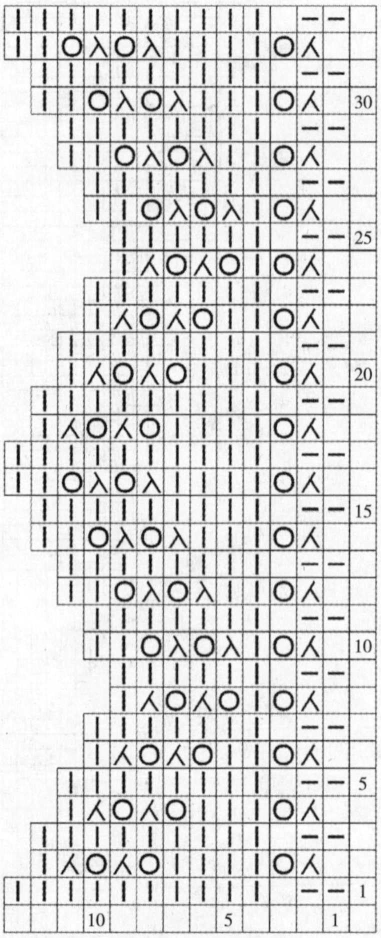
30
25
20
15
10
5
1
10
5
1
边缘编织花样

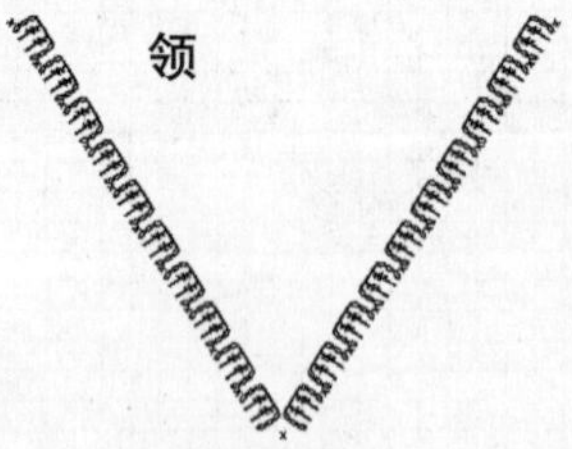
领
领花样

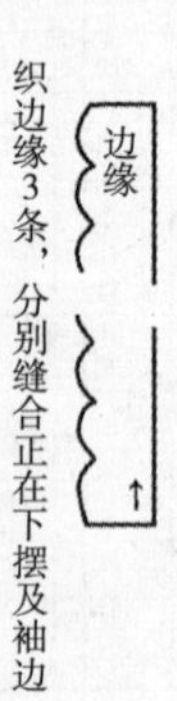
织边缘3条，分别缝合正在下摆及袖边
边缘

独特短袖薄毛衣

【成品尺寸】衣长56cm，胸围84cm，袖长25cm

【工　　具】2mm棒针，1.75mm钩针一枚

【材　　料】丝棉线450g，亮片若干

【编织密度】36针×40行=10cm²

制作说明：

钩棒结合衣，另织花叶若干，大叶15片，小叶11片，缝合在织好的衣服上，钩领边。袖边和下摆另织，缝合。

1. 后片：起158针按图织平针；
2. 前片：织法同后片，织到高度时开领窝，领边缘留3针作边，每4行收2针；
3. 袖：袖从下往上织，袖山收针同领边，织好后缝上袖边；
4. 领：沿领钩长长针一行；
5. 叶片：织大叶15片，小叶11片，按图示缝合；
6. 边缘：按衣袖及下摆的长度织3条边，缝合在所需部位上。

符号说明：

□ I＝上针
O＝加针
人＝左上2针并1针
入＝右上2针并1针
∧＝中上3针并1针
锁针
短针
长长针

菱形扭花纹长外套

【成品尺寸】衣长71cm，胸围136cm，袖长53cm，肩宽58cm

【工　　具】7号棒针

【材　　料】红色羊毛线1000g。红色大扣子5枚

【编织密度】21针×25.5行＝10cm²

后身片制作说明：

1. 后身片为一片编织，从衣摆起织，往上编织至肩部。

2. 起140针编织，从第2行起，按花样编织，共编织48cm后，即131行，从第132行开始袖窿减针，方法为1-5-1，后身片的袖窿减少针数为5针。减针后，不加减针往上编织至69cm的高度后，从织片的中间留46针不织，可以收针，亦可以留作编织衣领连接，可用防解别针锁住，两侧余下的针数，衣领侧减针，方法为2-2-1，最后两侧的针数余下40针，收针断线。花样的分布详解见图2。

前身片制作说明：

1. 前身片分为两片编织，左身片和右身片各一片，花样对应方向相反。

2. 起织与后身片相同，前身片起70针编织。同样编织48cm后，开始袖窿减针，减针方法为1-5-1，前身片的袖窿减少针数为5针。减针后，不加减针往上编织至肩部，织至66cm高度时，开始前衣领减针，减针方法为1-18-1，2-2-2，2-1-3，最后余下40针，织至71cm，共198行。详细编织图解见图1。

3. 同样的方法再编织另一前身片，完成后，将两前身片的侧缝与后身片的侧缝对应缝合，再将两肩部对应缝合。最后在一侧前身片钉上扣子，不钉扣子的一侧，要制作相应数目的扣眼，扣眼的编织方法为，在当行收起数针，在下一行重起这些针数，这些针数两侧正常编织。

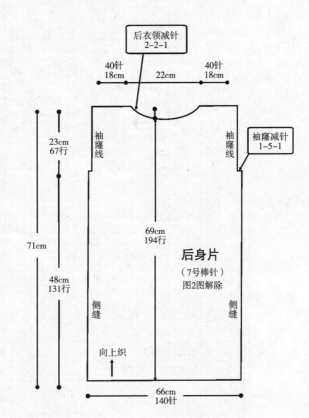

后衣领减针
2-2-1

40针 18cm　　22cm　　40针 18cm

袖窿线　　　　　袖窿线

袖窿减针 1-5-1

23cm 67行

71cm

48cm 131行

69cm 194行

后身片
（7号棒针）
图2图解除

侧缝　　　　　　侧缝

向上织

66cm 140针

前衣领减针
2-1-3
2-2-2
1-18-1

40针 18cm　　46针 22cm　　40针 18cm

5cm 14行

袖窿减针 1-5-1

袖窿线　　　　　　　　袖窿线

衣襟边　衣襟边

23cm 67行

66cm 184行

71cm

48cm 131行

前身片
（7号棒针）
图1图解

侧缝　　　　　　　　侧缝

向上织　　　向上织

33cm 70针　　33cm 70针

衣袖片制作说明：

1. 两片衣袖片，分别单独编织。

2. 从袖口起织，起52针编织单罗纹针，6行后按图3花样编织，不加减针织113行后，两侧同时减针编织，编织花样见图3。

3. 袖山的编织：两侧同时减针，方法为1-5-1，2-2-4，2-1-14，最后余下46针，直接收针后断线。

4. 同样的方法再编织另一衣袖片。

5. 将两袖片的袖山与衣身的袖窿线边对应缝合，再缝合袖片的侧缝。

袖山减
2-1-14
2-2-4
1-5-1

余46针

15cm 37行

49cm 100针

33cm 113行

衣袖片
（7号棒针）
图3花样

侧缝　　　　　　侧缝

58cm 150行

向上织
加48针

21cm 52针

图4

衣领制作说明：

1. 一片编织完成。衣领是在
前后身片缝合好后的前提下
起编的。

2. 沿着衣领边挑针起织，挑
出的针数，要比衣领沿边的
针数稍多些，然后按照图4的
花样分布，起织，共编织31
行后，收针断线。

图1 前身片花样图解

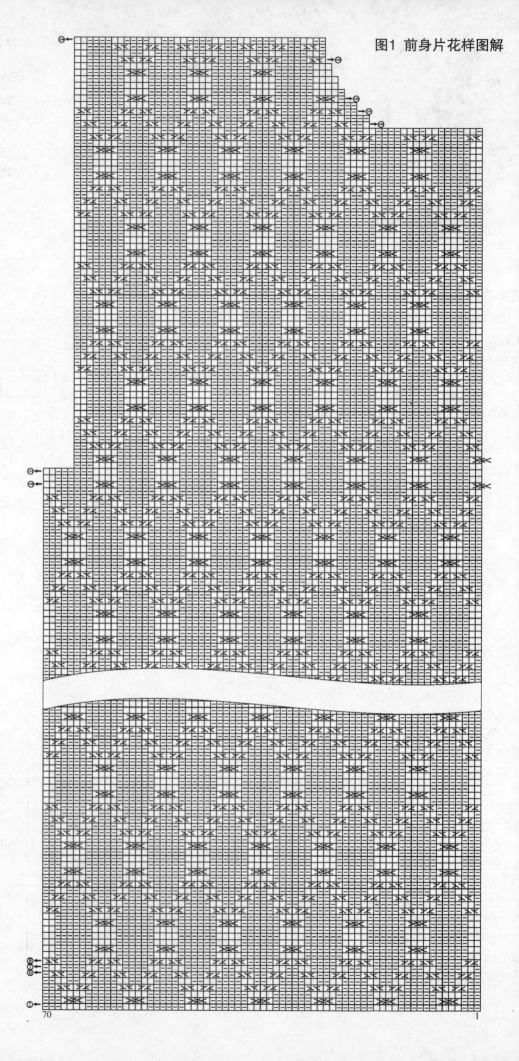

图2 后身片花样图解

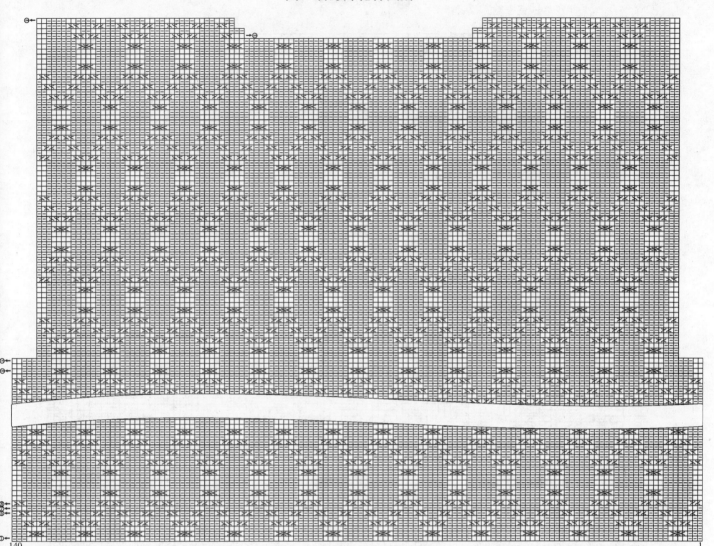

140　　　　　　　　　　　　　　　　　　　　　　　　　　　　　　1

图4 衣领花样图解

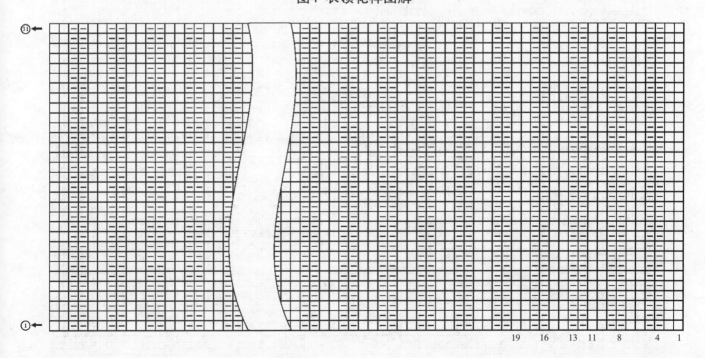

19　16　13　11　8　4　1

图3 衣袖花样图解

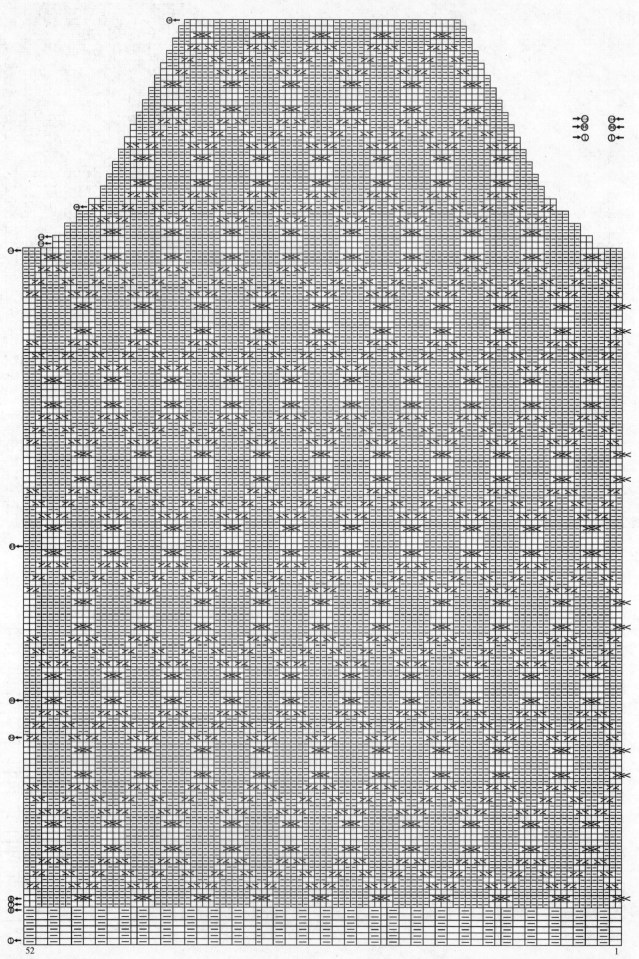

古典长袖上装

【成品尺寸】 衣长47cm，胸围57cm，
连肩袖长44cm

【工　　具】 7号棒针，缝衣针

【材　　料】 蓝色羊毛线800g

【编织密度】 21针×26行=10cm²

符号说明：

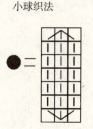

=右上2针和1针交叉

=左上2针交叉

=右上3针与
左下3针交叉

□=上针

□=□=下针

小球织法

2-1-16　行-针-次

后身片制作说明：

1. 后身片为一片编织，从衣摆边开始编织，往上编织至肩部。

2. 起115针，共编织28cm后，即从第73行开始袖窿减针，方法为1-9-1，3-2-6，3-1-7，3-2-2，后身片的袖窿减少针数为32针。详细编织图解见图2。

3. 完成后，将后身片的侧缝与前身片的侧片对应缝合。

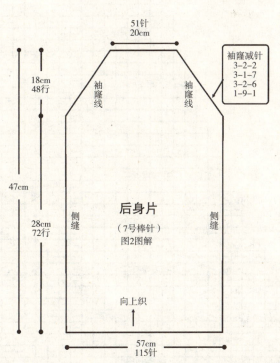

51针
20cm

18cm
48行

袖窿线　　袖窿线

袖窿减针
3-2-2
3-1-7
3-2-6
1-9-1

47cm

侧缝　　侧缝

后身片
（7号棒针）
图2图解

28cm
72行

向上织

57cm
115针

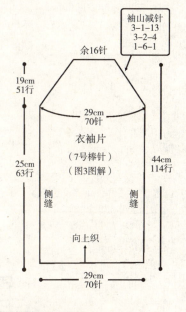

袖山减针
3-1-13
3-2-4
1-6-1

余16针

19cm
51行

29cm
70针

衣袖片
（7号棒针）
（图3图解）

44cm
114行

25cm
63行

侧缝　　侧缝

29cm
70针

向上织

衣袖片制作说明：

1. 两片衣袖片，分别单独编织。

2. 从袖口起织，起70针编织，不加减针共编织25cm后，开始袖山减针。编织花样见图3。

3. 袖山的编织：两侧同时减针，减针方法为1-6-1，3-2-4，3-1-13，最后余下16针，直接收针后断线。

4. 同样的方法再编织另一衣袖片。

5. 将两袖片的袖山与衣身的袖窿线边对应缝合，再缝合袖片的侧缝。

前身片制作说明：

1. 前身片分为两片编织，左身片和右身片各一片，花样对应方向相反。

2. 起57针，不加减针编织28cm后，即从第73行开始袖窿减针，方法为1-9-1，3-2-6，3-1-7，3-1-2，前身片的袖窿减少针数为30针，减针后往上编织至35cm的高度时，开始前衣领减针，方法为1-3-1，2-2-2，2-1-12，最后两侧的针数余下6针，收针断线。详细编织图解见图1。

3. 同样的方法再编织另一前身片，完成后，将两前身片的侧缝与后身片的侧缝对应缝合，再将两肩部袖窿线与袖山对应缝合。

前衣领减针
2-1-12
2-2-2
1-3-1

（8针）　（8针）

19cm
51行

12cm 31行

袖窿减针
3-1-2
3-1-7
3-2-6
1-9-1

袖窿线　　袖窿线

衣襟边　衣襟边

前身片
（7号棒针）
（图1图解）

35cm
92行

47cm

28cm
72行

侧缝　　侧缝

向上织　向上织

27cm
57针　　27cm
57针

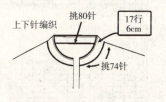

上下针编织

挑80针

17行
6cm

挑74针

衣领制作说明：

1. 前后身片、袖片连接对应缝合好后沿着衣领边挑织上下针衣领。

2. 挑出的针数，要比衣领沿边的针数稍少些，然后按照图4的花样起织，共编织17行后，收针断线。

图1 前身片花样图解

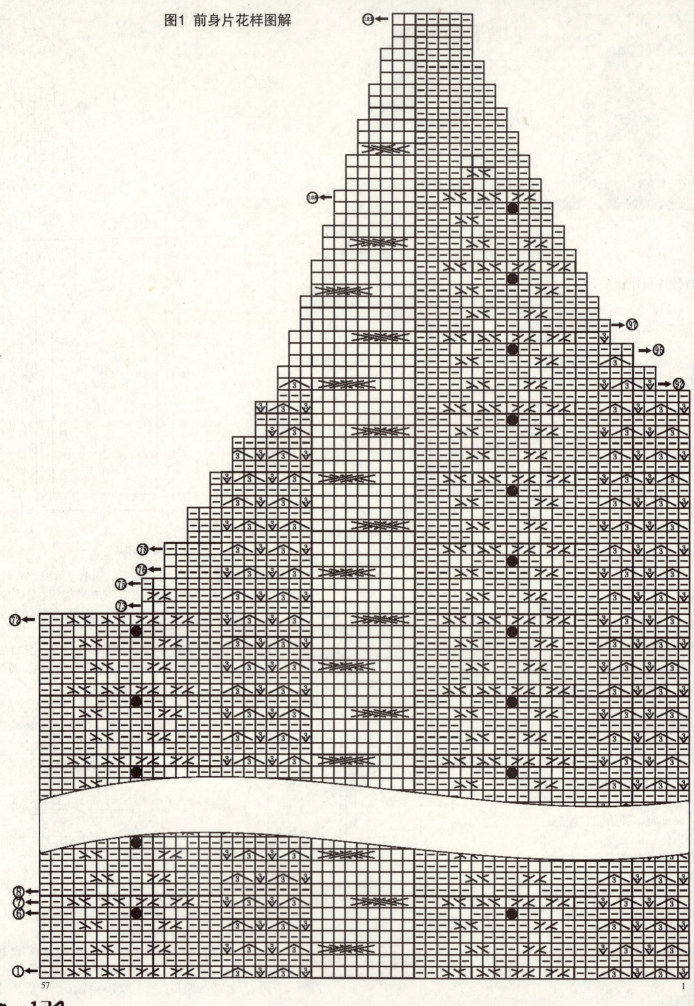

图4 衣领花样图解

图3 衣袖花样图解

图2 后身片花样图解

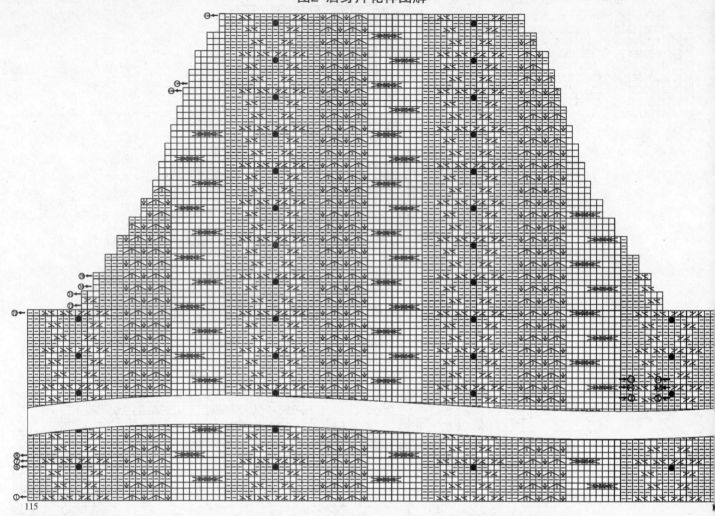

115

印花特色短外套

【成品尺寸】衣长58cm，胸围150cm，袖长50cm，肩宽36cm

【工　　具】11号棒针，缝衣针

【材　　料】蓝色花羊毛线800g。黑扣子5枚

【编织密度】32针×35行=10cm²

符号说明：

□ =上针

□ =□下针

2-1-3　　行-针-次

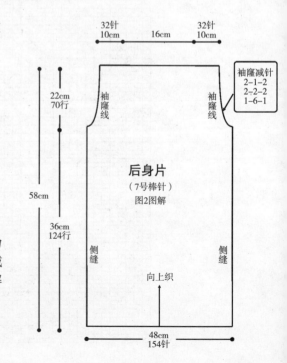

后身片制作说明：

1.后身片为一片编织，从衣摆起织，往上编织至肩部。

2.起154针编织，共编织36cm后，即124行，开始袖窿减针，方法为1-6-1，2-2-2，2-1-2，后身片的袖窿减少针数为12针。减针后，不加减针往上编织至肩部，织片可以收针，亦可以留作编织衣领连接，可用防解别针锁住。花样的分布详解见图2。

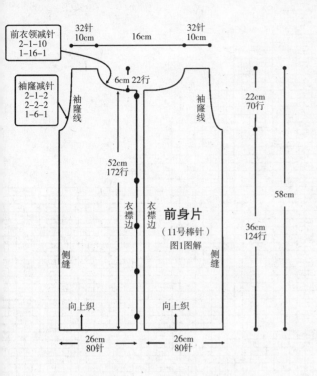

前衣领减针
2-1-10
1-16-1

袖窿减针
2-1-2
2-2-2
1-6-1

32针
10cm

16cm

32针
10cm

6cm 22行

22cm
70行

袖窿线

袖窿线

52cm
172行

衣襟边

衣襟边

58cm

前身片
（11号棒针）
图1图解

36cm
124行

侧缝

侧缝

向上织

向上织

26cm
80针

26cm
80针

前身片制作说明：

1. 前身片分为两片编织，左身片和右身片各一片，花样对应方向相反。

2. 起织与后身片相同，前身片起80针编织。同样编织36cm后，开始袖窿减针，减针方法为1-6-1，2-2-2，2-1-2，前身片的袖窿减少针数为12针。减针后，不加减针往上编织至肩部，织至52cm高度时，开始前衣领减针，减针方法为1-16-1，2-2-10，最后余下32针，织至58cm，共194行。详细编织图解见图1。

3. 同样的方法再编织另一前身片，完成后，将两前身片的侧缝与后身片的侧缝对应缝合，再将两肩部对应缝合。最后在一侧前身片钉上扣子。不钉扣子的一侧，要制作相应数目的扣眼，扣眼的编织方法为，在当行收起数针，在下一行重起这些针数，这些针数两侧正常编织。

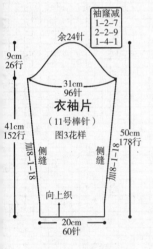

袖窿减
1-2-7
2-2-9
1-4-1

余24针

9cm
26行

31cm
96针

衣袖片
（11号棒针）
图3花样

41cm
152行

50cm
178行

侧缝

侧缝

加8-1-18

加8-1-18

向上织

20cm
60针

衣袖片制作说明：

1. 两片衣袖片，分别单独编织。

2. 从袖口起织，起60针编织，8行后开始两侧同时加针编织，加针方法为8-1-18，花样见图3。

3. 袖山的编织：两侧同时减针，方法为1-4-1，2-2-9，1-2-7，最后余下24针，直接收针后断线。

4. 同样的方法再编织另一衣袖片。

5. 将两袖片的袖山与衣身的袖窿线边对应缝合，再缝合袖片的侧缝。

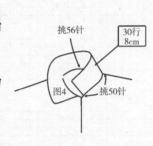

挑56针

30行
8cm

图4

挑50针

衣领制作说明：

1. 一片编织完成。衣领是在前后身片缝合好后的前提下起编的。

2. 留出衣襟边8针沿着衣领边挑针起织，挑出的针数，要比衣领沿边的针数稍少些，然后按照图4的花样分布，起织，共编织30行后，收针断线。

图4 衣领花样图解

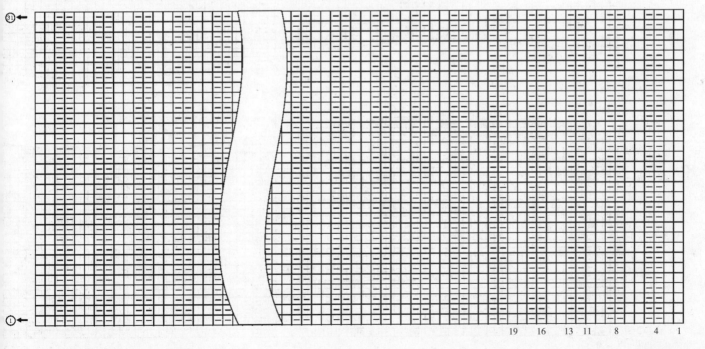

31

1

19 16 13 11   8   4 1

图1 前身片花样图解

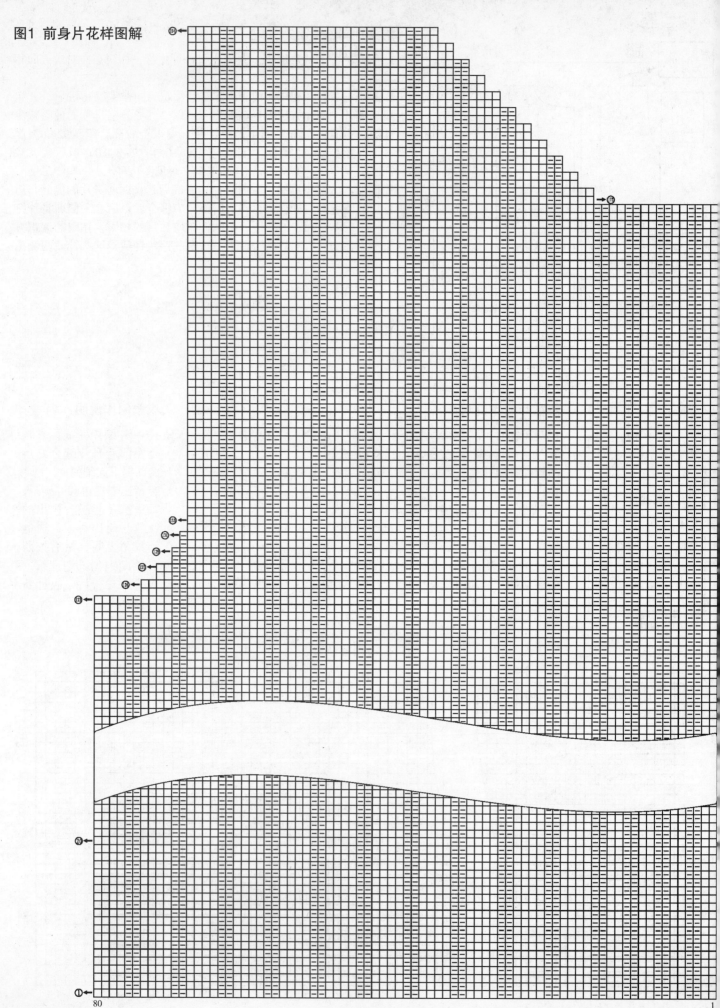

图2 后身片花样图解

图3 衣袖花样图解

28针

52   1

140

淑女高领针织衫

【成品尺寸】衣长65cm，胸围90cm，
　　　　　　袖长43cm，肩宽36cm
【工　　具】10号棒针
【材　　料】青绿色羊毛线1100g
【编织密度】32针×40行=10cm²

符号说明：

□=上针　　　　　　　⊠=右上2针并1针

□=□=下针　　　　　　⊠=左上2针并1针

□□□=铜钱花　　　　　◎=镂空针

2-1-3　　行-针-次

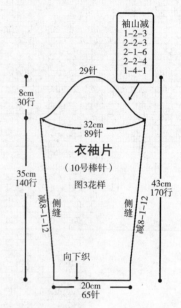

袖山减
1-2-3
2-2-3
2-1-6
2-2-4
1-4-1

29针

8cm
30行

32cm
89针

衣袖片
（10号棒针）
图3花样

35cm
140行

减8-1-12

43cm
170行

减8-1-12

侧缝　　　侧缝

向下织

20cm
65针

后身片制作说明：

1. 后身片为一片编织，从衣摆起织，往上编织至肩部。

2. 起136针编织，编织45cm后，即179行，从第180行开始袖窿减针，方法为1-6-1，2-3-1，2-2-2，2-1-2，前身片的袖窿减少针数为15针。减针后，不加减针往上编织至63cm的高度后，即从第253行，织片的中间留38针不织，可以收针，亦可以留作编织衣领连接，可用防解别针锁住，两侧余下的针数衣领侧减针，方法为2-2-2，最后两侧的针数余下30针，收针断线。详细编织图解见图2。

后衣领减针
2-2-2

106针
36cm

2cm

袖窿减针
2-1-2
2-2-2
2-3-1
1-6-1

20cm
80行

袖窿线　　　　　袖窿线

63cm
253行

后身片
（7号棒针）
图2图解

65cm

45cm
179行

侧缝　　　　　　侧缝

向上织

43cm
136针

前身片制作说明：

1. 前身片为一片编织，从衣摆起织，往上编织至肩部。

2. 起136针编织，编织45cm后，即179行，从第180行开始袖窿减针，方法为1-6-1，2-3-1，2-2-2，2-1-4，前身片的袖窿减少针数为17针。减针后，不加减针往上编织至59cm的高度后，即从第237行，织片的中间留20针不织，可以收针，亦可以留作编织衣领连接，可用防解别针锁住，两侧余下的针数衣领侧减针，方法为2-2-2，2-1-2，4-1-3。最后两侧的针数余下32针，收针断线。详细编织图解见图1。

3. 完成后，将两前身片的侧缝与后身片的侧缝对应缝合，再将两肩部对应缝合。

前衣领减针
4-1-3
2-1-2
2-2-2

32针
10cm

16cm

32针
10cm

5cm

袖窿减针
2-1-4
2-2-2
2-3-2
1-6-1

20cm
78行

袖窿线　　　　　袖窿线

59cm
237行

前身片
（10号棒针）
图1图解

65cm

45cm
179行

侧缝　　　　　　侧缝

向上织

47cm
136针

衣袖片制作说明：

1. 两片衣袖片，分别单独编织。

2. 从袖山起织，起29针编织图3花样，袖山的编织：从第一行起要加针编织，两侧同时加针，加针方法如图：依次1-2-3，2-2-3，2-1-6，2-2-4，1-4-1。

3. 不加减针织8行后，两侧同时减针编织，减针方法为8-1-12，减至160行。编织花样见图3。

4. 同样的方法再编织另一衣袖片。

5. 将两袖片的袖山与衣身的袖窿线边对应缝合，再缝合袖片的侧缝。

双罗纹针编织

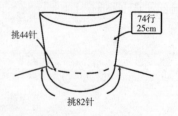

挑44针

74行
25cm

挑82针

衣领制作说明：

1. 领片圈织完成。衣领是在前后身片缝合好后的前提下起编的。

2. 沿领边挑针起织，挑出的针数，要比衣领沿边的针数稍少些，然后按照图4的花样分布，起织，共编织74行后，收针断线。

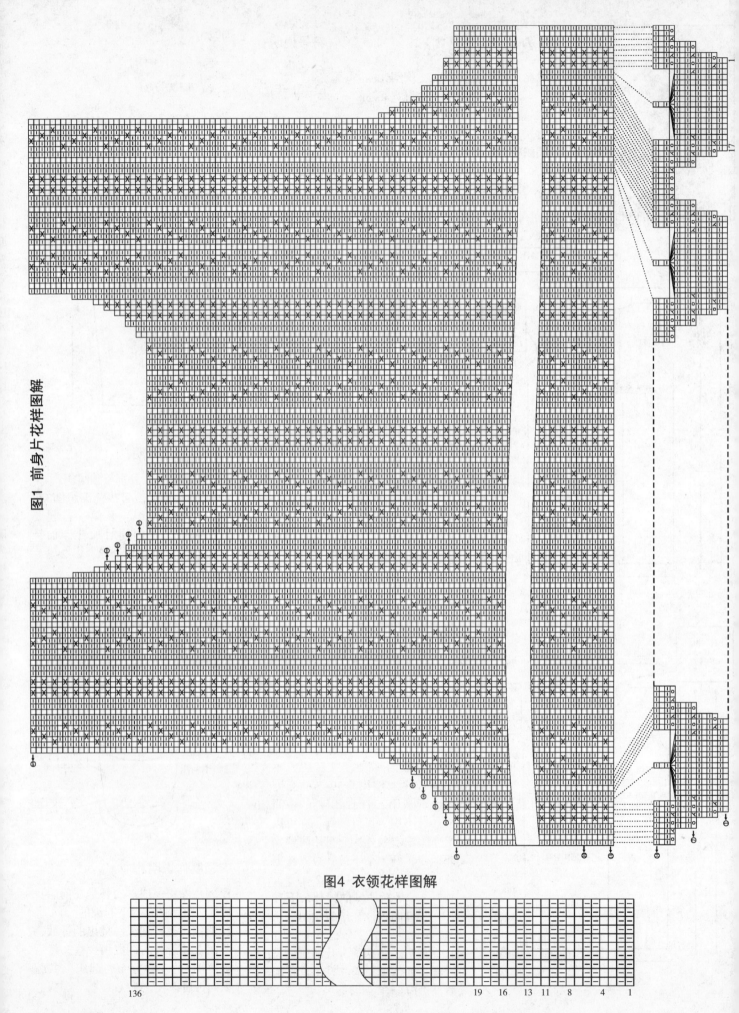

图1 前身片花样图解

图4 衣领花样图解

19 16 13 11 8 4 1

图2 后身片花样图解

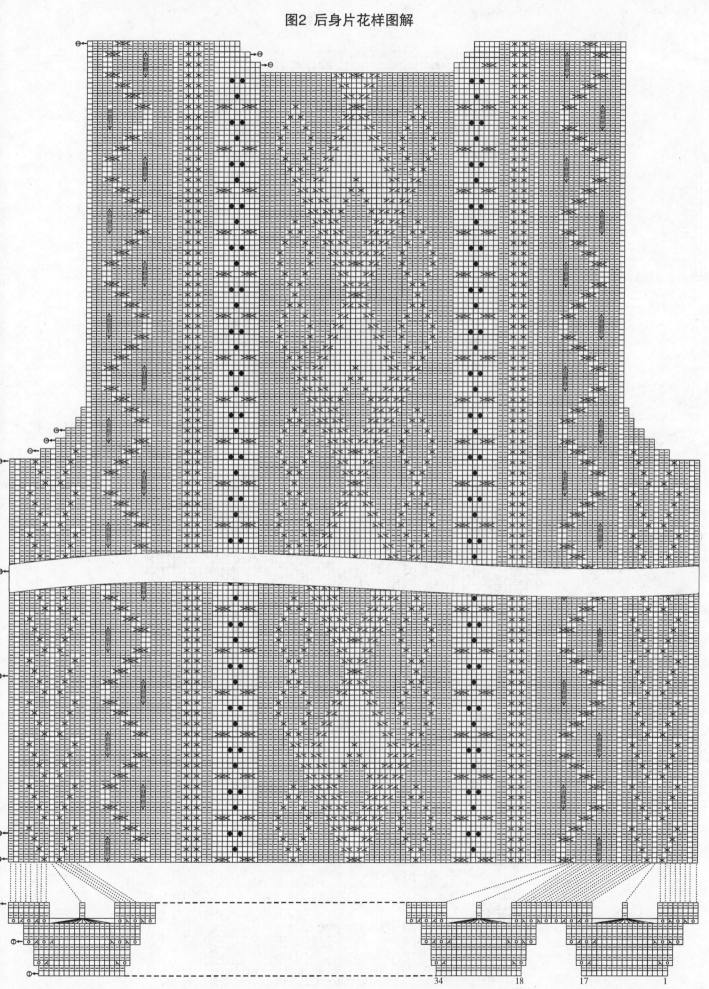

34   18   17   1

图3 衣袖花样图解

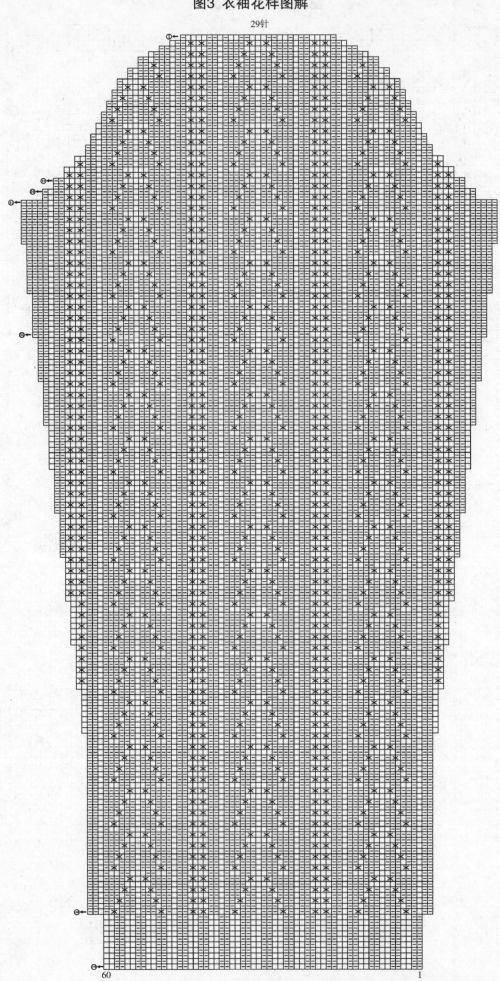

29针

60　　　　　　　　　　　　　　　　　　　　1

迷人甜美可爱装

【成品尺寸】衣长56cm，胸围94cm，
　　　　　　袖长53cm，肩宽36cm
【工　　具】12号棒针，缝衣针
【材　　料】粉红色丝光毛线600g
【编织密度】32针×35行=10cm²

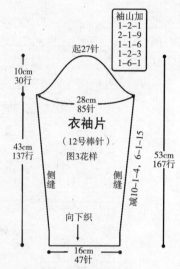

袖山加
1-2-1
2-1-9
1-1-6
1-2-3
1-6-1

起27针

10cm
30行

28cm
85针

衣袖片
（12号棒针）
图3花样

43cm
137行

侧缝　　　侧缝

减10-1-4，6-1-15

53cm
167行

向下织

16cm
47针

衣袖片制作说明：

1. 两片衣袖片，分别单独编织。

2. 从袖山起织，起27针编织图3花样，两侧同时加针编织，加针方法为1-2-1，2-1-9，1-1-6，1-2-3，1-6-1，加至30行，然后减针织袖，编织花样见图3。

3. 袖子的编织：不加减织10行后从第11行起要减针编织，两侧同时减针，减针方法如图：依次10-1-4，6-1-15，最后余下47针，直接收针后断线。

4. 同样的方法再编织另一衣袖片。

5. 将两袖片的袖山与衣身的袖窿线边对应缝合，再缝合袖片的侧缝。

挑44针　　12行
　　　　　　4cm

挑78针

衣领制作说明：

1. 圈织完成。衣领是在前后身片缝合好后的前提下起编的。

2. 沿一侧肩缝挑针起织领片，挑出的针数，要比衣领沿边的针数稍多些，然后按照图4的花样起织，共编织12行后，收针断线。

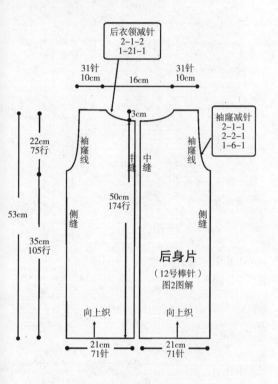

后衣领减针
2-1-2
1-21-1

31针　　16cm　　31针
10cm　　　　　　10cm

3cm

袖窿减针
2-1-1
2-2-1
1-6-1

22cm
75行

袖窿线　　中缝　中缝　　袖窿线

53cm

50cm
174行

35cm
105行

侧缝　　　　　　　侧缝

后身片
（12号棒针）
图2图解

向上织　　　向上织

21cm　　　21cm
71针　　　71针

后衣领减针
2-1-5
1-2-2

31针　　16cm　　31针
10cm　　　　　　10cm

5cm 15行

袖窿减针
2-1-1
2-2-1
1-6-1

袖窿线　　　　袖窿线

22cm
75行

46cm
164行

53cm

侧缝　全下针编织　侧缝

30cm
105行

前身片
（12号棒针）
图1图解

向上织

48cm
153针

后身片制作说明：

1. 后身片分为两片编织，左身片和右身片各一片，花样对应方向相反，从衣摆起织，往上编织至肩部。

2. 起71针编织扭针单罗纹针，从第16行起编织花样，共编织30cm后，即105行，从第106行开始袖窿减针，方法为1-6-1，2-1-1，4-1-2，后身片的袖窿减少针数为9针。减针后，不加减针往上编织至50cm的高度后，从织片中间留31针不织衣领减针，方法为1-21-1，2-1-2，最后余下的针数为31针，收针断线。详细编织图解见图2。

3. 同样的方法再编织另一后身片，完成后，将两后身片中缝对接缝合。

前身片制作说明：

1. 前身片为一片编织，从衣摆起织，往上编织至肩部。

2. 起153针编织扭针单罗纹针，从第16行起编织花样，共编织30cm后，即105行，从第106行开始袖窿减针，方法为1-6-1，2-1-1，4-1-2，前身片的袖窿减少针数为9针。减针后，不加减针往上编织至46cm的高度后，从织片的中间留针73不织，可以收针，亦可以留作编织衣领连接，可用防解别针锁住，两侧余下的针数，衣领侧减针，方法为2-1-5，1-2-2，最后两侧的针数余下31针，收针断线。详细编织图解见图1。

3. 完成后，将两前身片的侧缝与后身片的侧缝对应缝合，再将两肩部对应缝合。

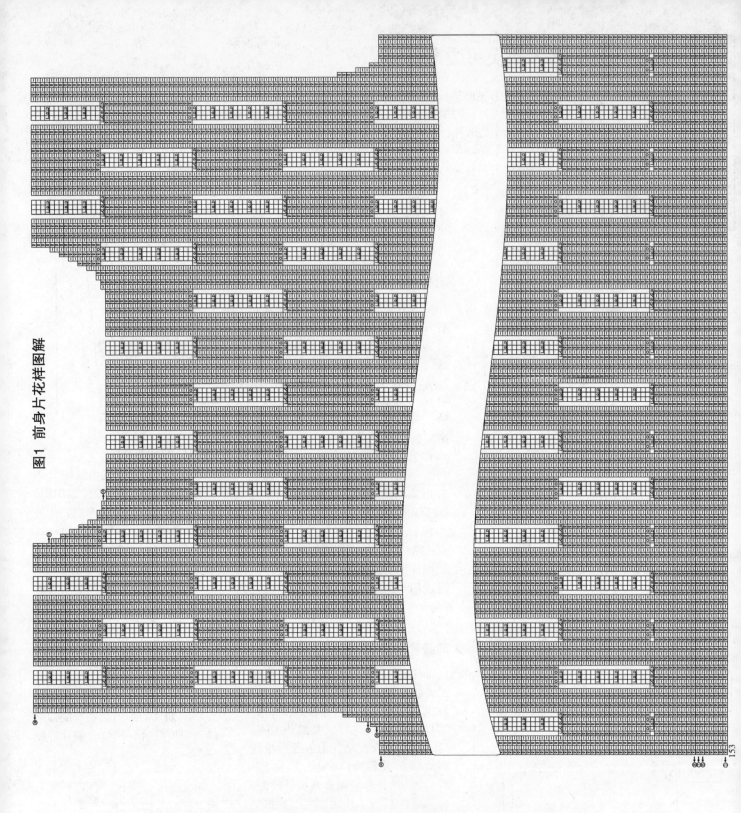

图1 前身片花样图解

图4 衣领花样图解

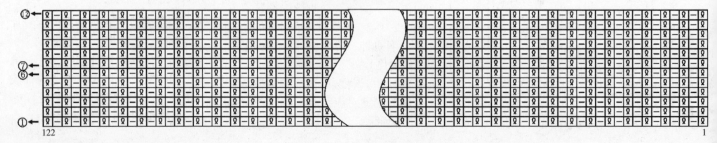

图2 后身片花样图解

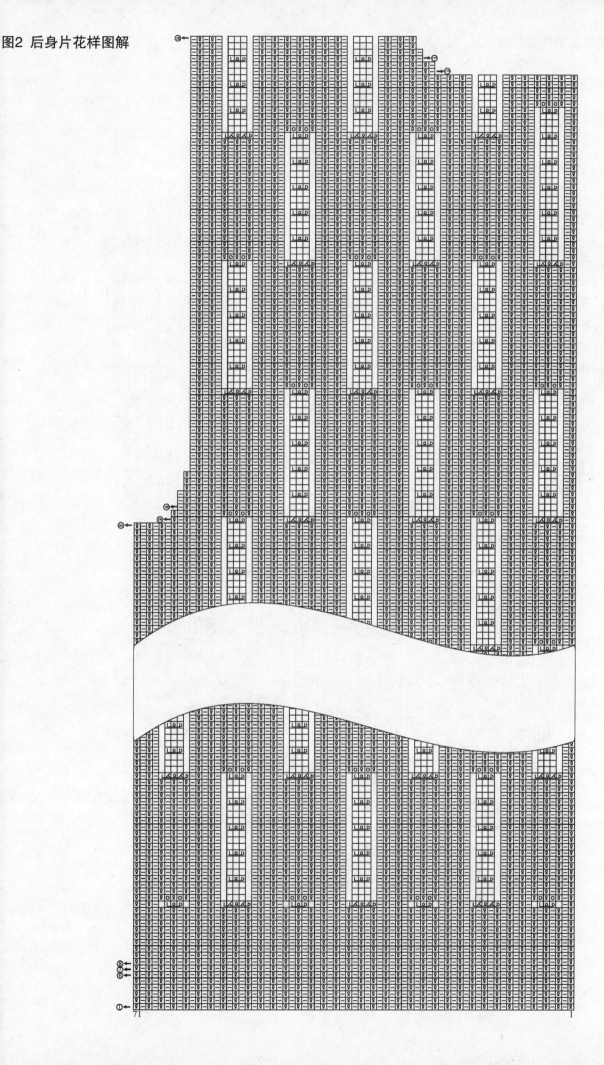

图3 衣袖花样图解

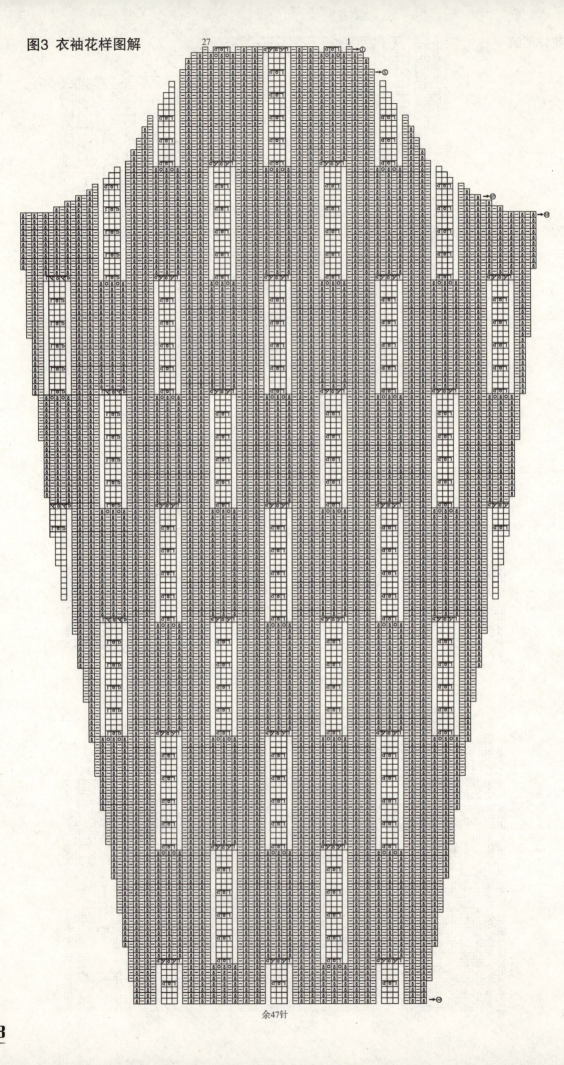

余47针

圆领休闲针织衫

【成品尺寸】衣长65cm，胸围102cm，
　　　　　　袖长55cm，肩宽36cm
【工　　具】7号棒针
【材　　料】白色羊毛线1000g
【编织密度】22针×28行=10cm²

符号说明：

□=上针　　　　　　　 ⊠=右上2针并1针

□=Ⅰ=下针　　　　　　 ⊠=左上2针并1针

|Ⅰ○Ⅰ|=铜钱花　　　　　 ⊙=镂空针

2-1-3　行-针-次

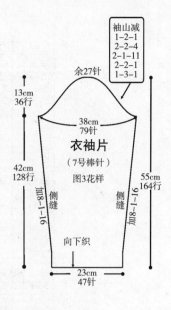

衣袖片
（7号棒针）
图3花样

后身片制作说明：

1. 后身片为一片编织，从衣摆起织，往上编织至肩部。

2. 起115针编织，编织56行后，从第57行开始花样减针，每侧共减2针。编织38cm后，即127行，从第128行开始袖窿减针，方法为1-6-1，2-2-4，2-1-1，后身片的袖窿减少针数为15针。减针后，不加减针往上编织至65cm的高度后可以收针，亦可以留作编织衣领连接，可用防解别针锁住。详细编织图解见图2。

前身片制作说明：

1. 前身片为一片编织，从衣摆起织，往上编织至肩部。

2. 起115针编织，编织56行后，从第57行开始花样减针，每侧共减2针。编织38cm后，即127行，从第128行开始袖窿减针，方法为1-6-1，2-2-4，2-1-1，前身片的袖窿减少针数为15针。减针后，不加减针往上编织至61cm的高度后，即从第176行，织片的中间留19针不织，可以收针，亦可以留作编织衣领连接，可用防解别针锁住，两侧余下的针数衣领侧减针，方法为2-2-4，2-1-2，最后两侧的针数余下21针，收针断线。详细编织图解见图1。

3. 完成后，将两前身片的侧缝与身片的侧缝对应缝合，再将两肩部对应缝合。

衣袖片制作说明：

1. 两片衣袖片，分别单独编织。

2. 从袖口起织，起47针编织图3花样，不加减针织8行后，两侧同时加针编织，加针方法为8-1-16，加至128行。编织花样见图3。

3. 袖山的编织：从第一行起要减针编织，两侧同时减针，减针方法如图：依次1-3-1，2-2-1，2-1-11，2-2-4，1-2-1，最后余下27针，直接收针后断线。

4. 同样的方法再编织另一衣袖片。

5. 将两袖片的袖山与衣身的袖窿线边对应缝合，再缝合袖片的侧缝。

单罗纹针编织

衣领制作说明：

1. 一片编织完成。衣领是在前后身片缝合好后的前提下起编的。

2. 沿领边挑针起织，挑出的针数，要比衣领沿边的针数稍少些，然后按照图4的花样分布，起织，共编织10行后，收针断线。

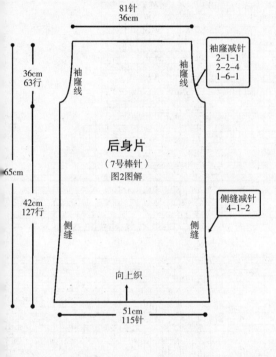

后身片
（7号棒针）
图2图解

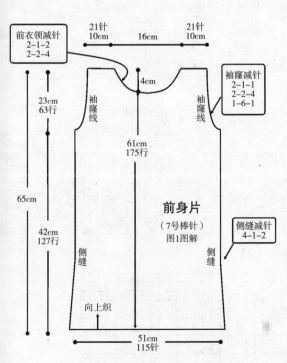

前身片
（7号棒针）
图1图解

图1 前身片花样图解

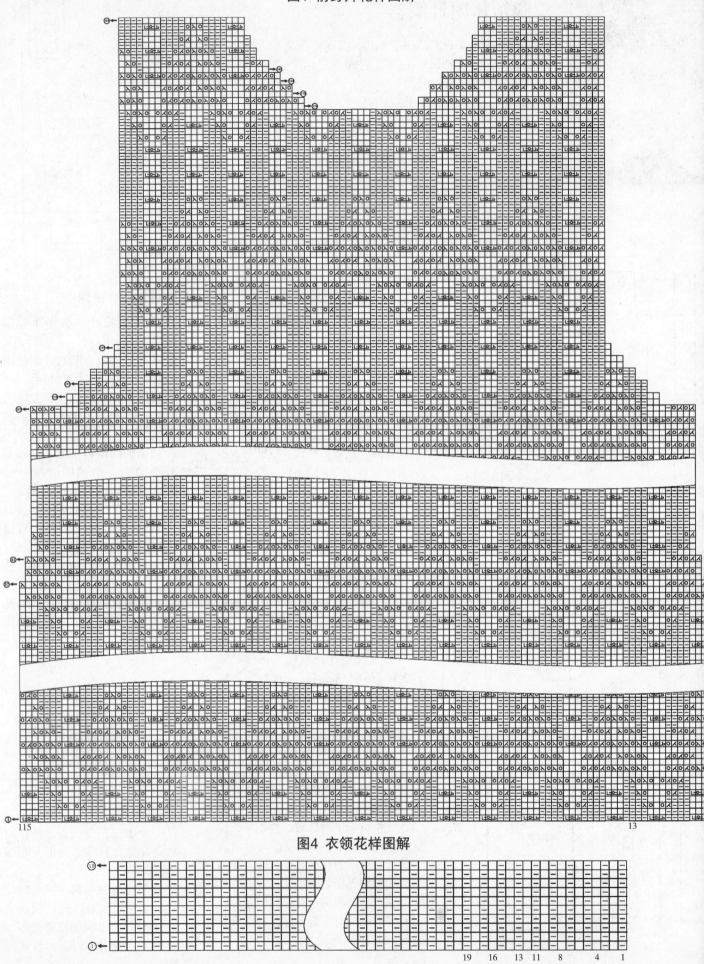

115   13

图4 衣领花样图解

19 16 13 11 8   4   1

图2 后身片花样图解

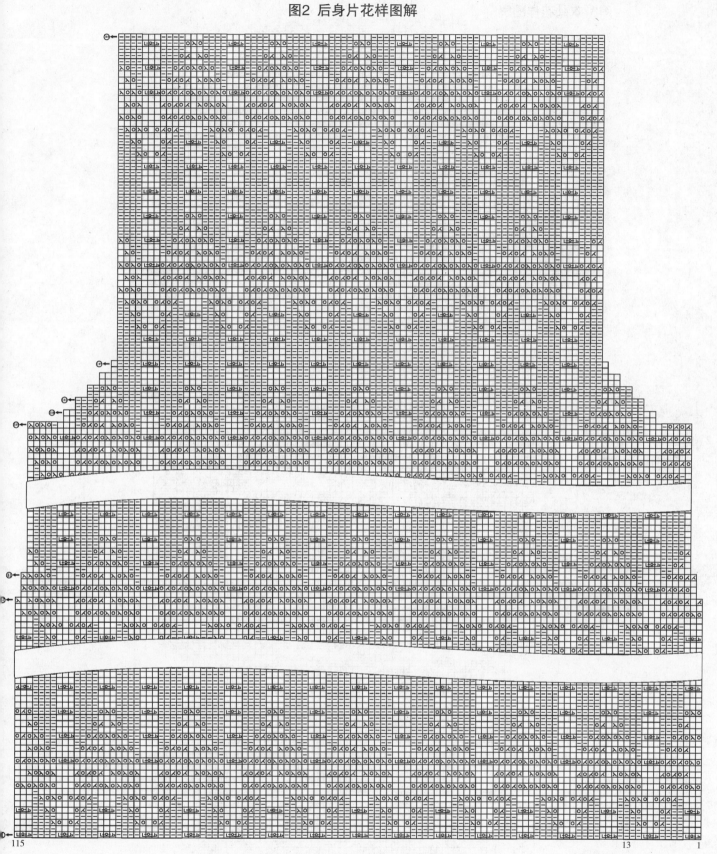

图3 衣袖花样图解

21针

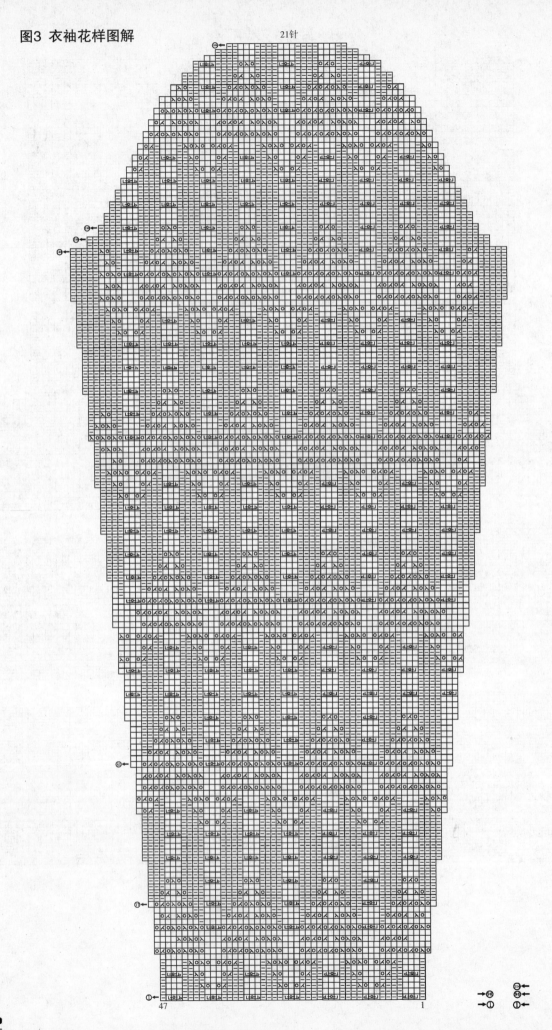

47   1

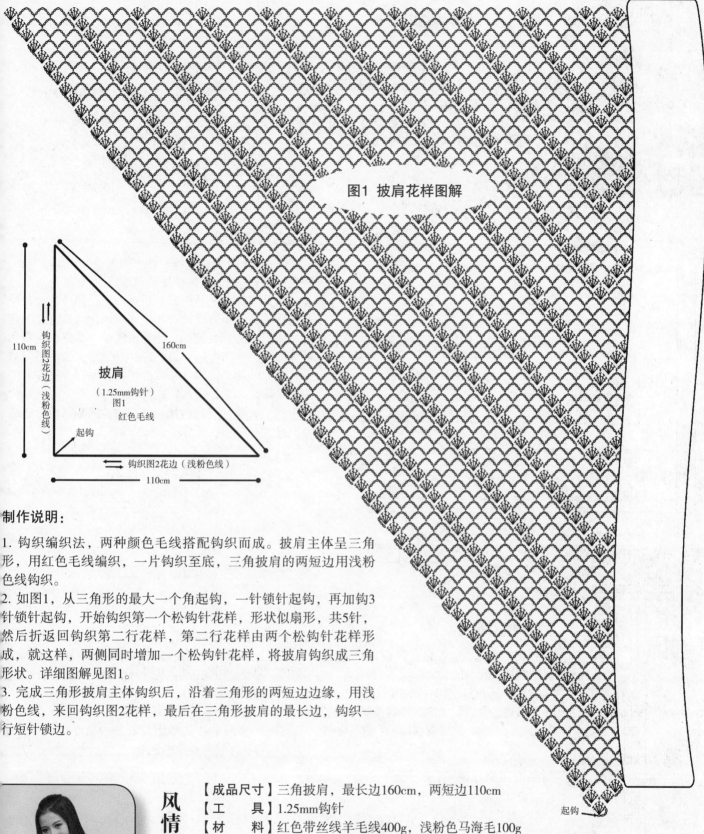

图1 披肩花样图解

110cm

钩织图2花边（浅粉色线）

↑↓

披肩

（1.25mm钩针）
图1
红色毛线

160cm

起钩

钩织图2花边（浅粉色线）

110cm

起钩

制作说明：

1. 钩织编织法，两种颜色毛线搭配钩织而成。披肩主体呈三角形，用红色毛线编织，一片钩织至底，三角披肩的两短边用浅粉色线钩织。

2. 如图1，从三角形的最大一个角起钩，一针锁针起钩，再加钩3针锁针起钩，开始钩织第一个松钩针花样，形状似扇形，共5针，然后折返回钩织第二行花样，第二行花样由两个松钩针花样形成，就这样，两侧同时增加一个松钩针花样，将披肩钩织成三角形状。详细图解见图1。

3. 完成三角形披肩主体钩织后，沿着三角形的两短边边缘，用浅粉色线，来回钩织图2花样，最后在三角形披肩的最长边，钩织一行短针锁边。

风情花边大披肩

【成品尺寸】三角披肩，最长边160cm，两短边110cm
【工　　具】1.25mm钩针
【材　　料】红色带丝线羊毛线400g，浅粉色马海毛100g

符号说明：

╋ ＝短针

┬ ＝长针

∞ ＝锁针

🔱 ＝1针分5针长针
（松钩）

图2 披肩花边图解

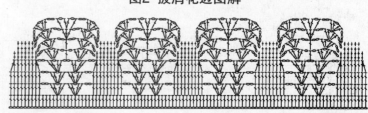

圆领可爱短袖装

【成品尺寸】胸围106cm，肩袖长13cm
【工　　具】10号棒针
【材　　料】粉色丝光毛线600g。紫白色大扣子6枚
【编织密度】30针×34行=10cm²

符号说明：

□ = □ = 下针
╲ = 右上2针并1针
╱ = 上针中上3针并1针
⊡ = 镂空针

2-1-3　　行-针-次

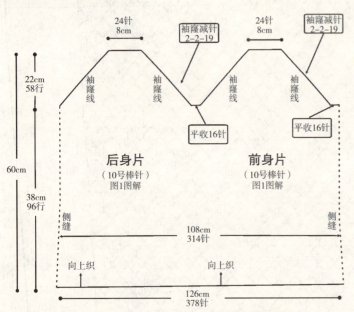

24针
8cm

袖窿减针
2-2-19

24针
8cm

袖窿减针
2-2-19

22cm
58行

袖窿线　袖窿线　袖窿线　袖窿线

平收16针　　平收16针

60cm

后身片
（10号棒针）
图1图解

前身片
（10号棒针）
图1图解

38cm
96行

侧缝　　　　　　　　　　　　　　侧缝

108cm
314针

向上织　　　　向上织

126cm
378针

前身片制作说明：

1. 圈织身片，从衣摆起织，往上编织至肩部。

2. 起378针编织，按花样加减针编织9行后变换花样，花样减针共18针，共织25行后再一次花样减针，花样共减针46针。不加减针按花样编织到105行，第106行时将圈织均分开为前、后身片两片编，即开始后身片袖窿减针，方法为1-16-1，2-2-19，后身片的袖窿减少针数为92针，余54针，收针断线。同样方法完成前片袖窿减针。详细编织图解见图1。

3. 完成后，将两身片的袖窿线与袖片的袖窿线对应缝合。

衣袖片

（10号棒针）
图2图解

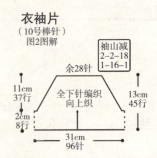

袖山减
2-2-18
1-16-1

余28针

11cm
37行

全下针编织
向上织

13cm
45行

2cm
8行

31cm
96针

图4 衣领花样图解图

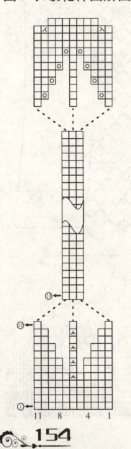

11　8　　4　　1

挑92针

单罗纹针编织

10行
3cm

挑92针

衣领制作说明：

1. 圈织完成。衣领是在前后身片缝合好后的前提下起编的。

2. 沿领边挑针起织，挑出的针数，要比衣领沿边的针数稍少些，然后按照图3的花样分布，起织，共编织10行后，收针断线。

装饰带制作说明：

1. 单片编织完成。

2. 起11针，不加减针织4行后，按花样减针，共减8针，然后不加减针织140cm，再按花样加针，共加8针，收针断线。编织花样见图4。

3. 穿入衣片腰际处。

衣袖片制作说明：

1. 衣袖单独圈织。

2. 从袖口起织，起96针编织图2花样，从第8行起要袖山减针编织，两侧同时减针，减针方法如图：依次1-16-1，2-1-18，减至28针，收针后断线。编织花样见图2。

3. 将两袖片的袖山与衣身的袖窿线边对应缝合，再缝合袖片的侧缝。

图3 衣领花样图解

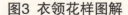
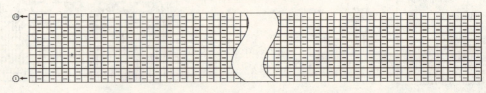

图1 身片花样图解

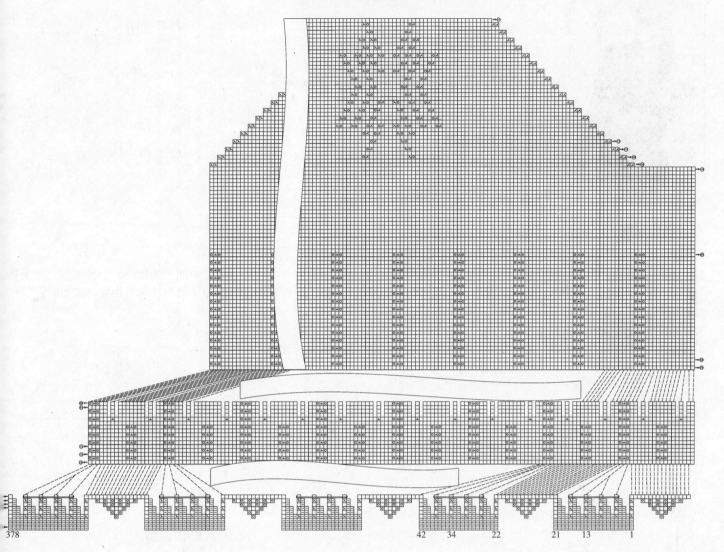

378   42   34   22   21 13   1

图2 衣袖花样图解

余24针

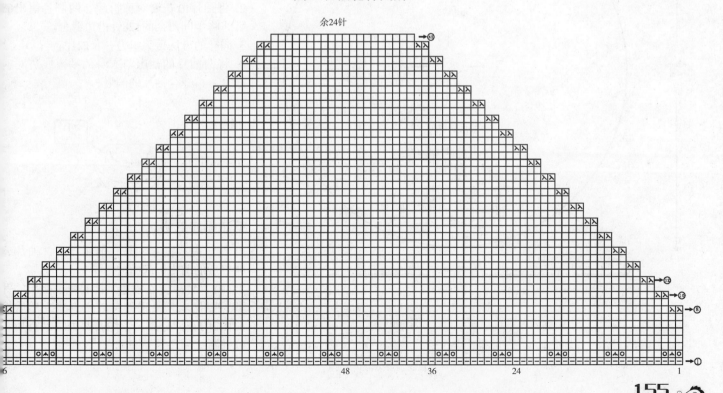

48   36   24   1

一字领特色针织衫

【成品尺寸】衣长51cm，胸围80cm，袖长54cm
【工　　具】6号、8号棒针
【材　　料】深紫色花毛线700g
【编织密度】20针×23行=10cm²

符号说明：

□=上针

□=①=下针

回=扭针

▲=中上3针并1针

⊠=右上2针并1针

⊿=左上2针并1针

身片制作说明：

1. 前后身片分别为一片编织完成，从中心起织，向四周加针编织至肩部、衣边。

2. 先编织后身片，起24针编织2行下针，从第3行起将24针均分为6等份，每份4针，每4针中间开始加针，上针编织，加至第9行，第9行时同时在4针中间开始另加针编织，花样的分布详解见图1，织到第40行时，即从第41行起不加减针编织6行上针，收针断线。

3. 同样的方法再编织完成前身片。

4. 完成后，将前后两身片对应花瓣侧缝对应缝合，再将两肩部与袖片对应缝合。

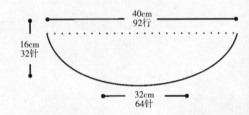

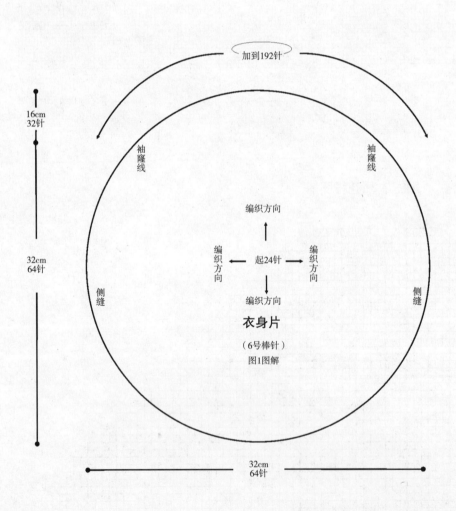

加到192针

16cm
32针

32cm
64针

袖窿线

袖窿线

编织方向

编织方向 ←起24针→ 编织方向

编织方向

侧缝

侧缝

32cm
64针

衣身片

（6号棒针）

图1图解

衣袖片制作说明：

1. 同身片编织方法完成两片衣袖片，分别单独编织。

2. 将袖片沿花瓣对称折起，两侧各留出63针，将中间剩余的128针沿边缝合。

3. 同样的方法再编织另一衣袖片。

4. 将两袖片的袖山与衣身的袖窿线边对应缝合，再缝合袖片的侧缝。

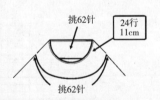

挑62针

24行
11cm

挑62针

衣领制作说明：

1. 圈织完成。衣领是在前后身片、袖片缝合好后的前提下起编的。

2. 用8号针沿着衣领边挑针起织，挑出的针数，要比衣领沿边的针数稍少些，然后按照图2的花样分布，起织，共编织24行后，收针断线。

图1 花样图解

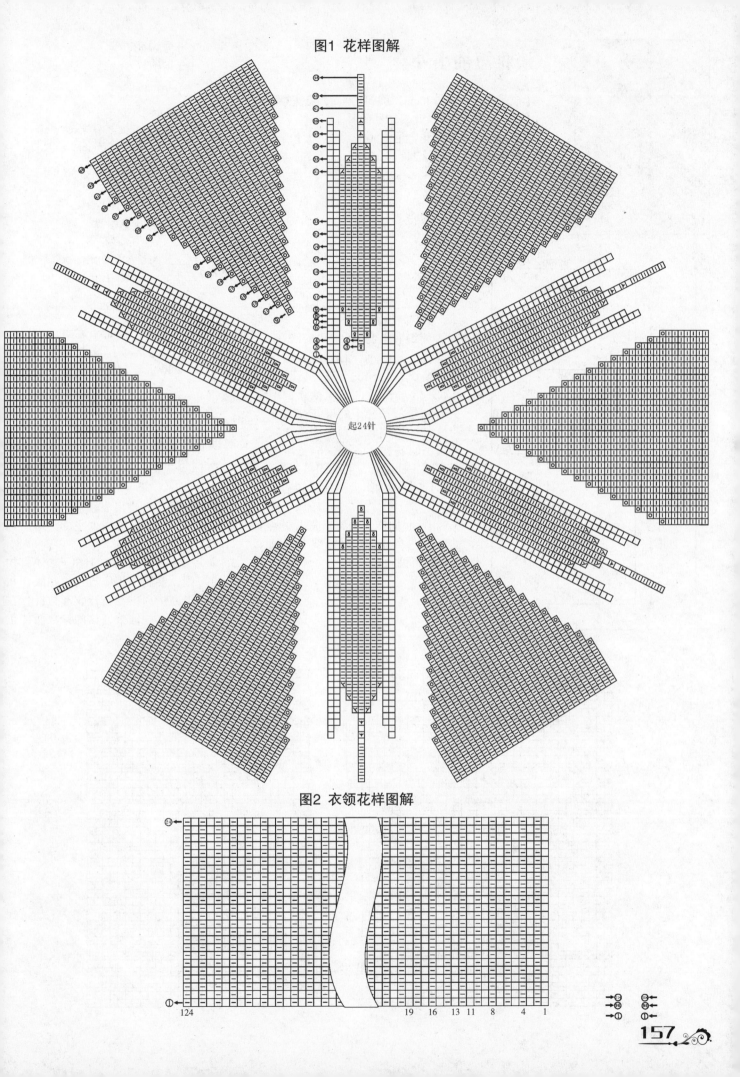

图2 衣领花样图解

124　　　　　　　19 16 13 11 8　4　1

157

淡雅短袖小外套

【成品尺寸】衣长40cm，胸围100cm，肩宽36cm
【工　　具】6号棒针，10号环形针
【材　　料】五彩花羊毛线300g。白色大扣子1枚
【编织密度】20针×24行=10cm²

符号说明：

☐=上针

☐ = ☐ =下针

⬚⬚⬚ =铜钱花

▨ =右上3针与
左下3针交叉

▨ =3上3针与
右下3针交叉

⬚ =右上3针与
左下2针交叉

⬚ =左上3针与
右下2针交叉

⬚ =1针编出3针的加针

⬚ =左上3针并1针

2-1-3　　　行-针-次

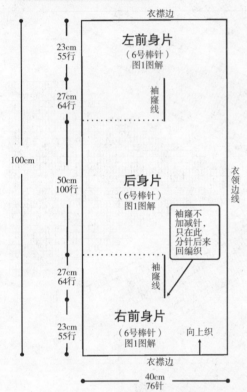

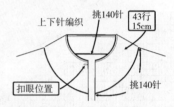

身片制作说明：

1. 身片为一片编织，从衣襟边起织，从右侧编织至左侧。

2. 先编织右前身片，起76针编织双罗纹针，6行后即第7行开始按花样编织，花样的分布详解见图1，织23cm高后，留出袖窿，即从第56起将花样中的麻花与菠萝花处分针编织，分别来回不加减针编织原花样，各编织64行后再合为原一针编织，共编织119行。从第120行起编织后身片，共编织50cm，即100行，总共219行。从第220行起同样方法编织完成左侧袖窿及左身片，收针断线。详细编织图解见图1。

衣领制作说明：

1. 整体完成后，再沿着衣领边挑针起织。

2. 用10号环形针挑出衣领片，挑的针数要比衣领沿边的针数稍少些，共编织43行后，收针断线。

3. 最后在一侧前领片钉上扣子。不钉扣子的一侧，要制作相应数目的扣眼，扣眼的编织方法为，在当行收起数针，在下一行重起这些针数，这些针数两侧正常编织。

图2 衣领花样图解

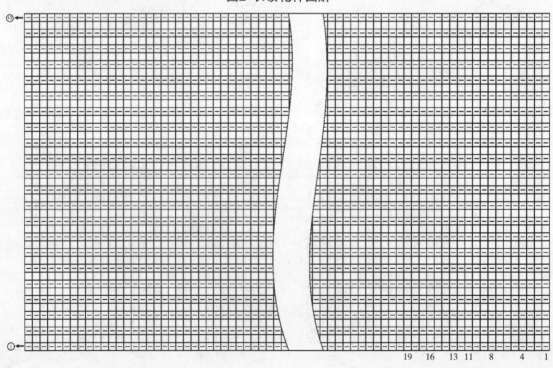

图1 身片花样图解

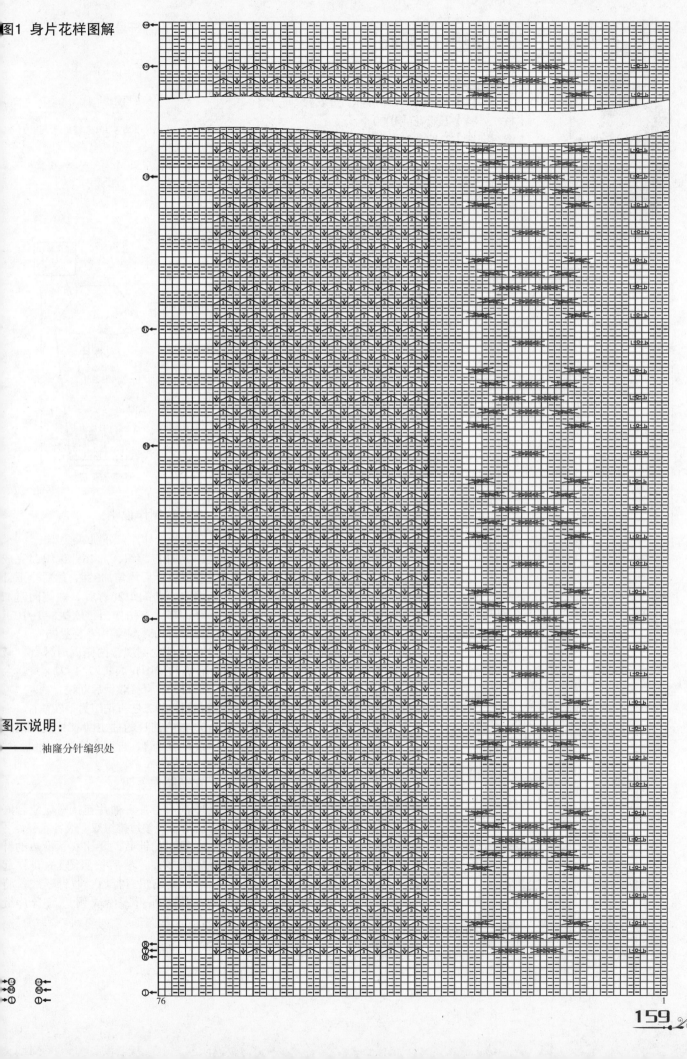

图示说明：

—— 袖窿分针编织处

缤纷彩色长毛衣

【成品尺寸】衣长70cm，胸围66cm，袖长57cm

【工　　具】7号棒针，环形针，缝衣针

【材　　料】五彩花线1000g

【编织密度】21针×25.5行＝10cm²

符号说明：

凵=上针

囗=囗=下针

⌐ᴗᴠ=穿右滑针

⌐ᴗᴧ=穿左滑针

2-1-16　　行-针-次

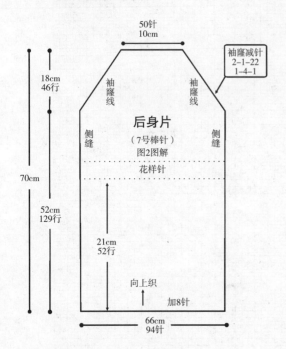

后身片

50针
10cm

袖窿减针
2-1-22
1-4-1

18cm
46行

袖窿线　袖窿线

后身片
（7号棒针）
图2图解

侧缝　侧缝

花样针

70cm

52cm
129行

21cm
52行

向上织

加8针

66cm
94针

后身片制作说明：

1. 后身片为一片编织，从衣摆边开始编织，往上编织至肩部。

2. 起94针，完成双罗纹针后均匀加8针，编织21cm后，即从第53行开始花样针编织。共编织52cm后，即129行，从第130行开始袖窿减针，方法为1-4-1，2-1-22，后身片的袖窿减少针数为52针。详细编织图解见图解2。

3. 完成后，将后身片的侧缝与前身片的侧片对应缝合。

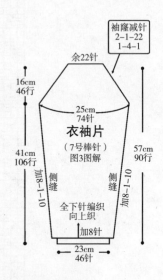

袖窿减针
2-1-22
1-4-1

余22针

16cm
46行

25cm
74针

衣袖片
（7号棒针）
图3图解

41cm
106行

加8-1-10　加8-1-10

侧缝　侧缝

57cm
90行

全下针编织
向上织

加8针

23cm
46针

衣袖片制作说明：

1. 两片衣袖片，分别单独编织。

2. 从袖口起织，起46针编织，完成双罗纹针后均匀加8针，然后全下针编织，共编织26行后，两侧同时加针，加针方法如图：依次8-1-10，加针到106行。编织花样见图3。

3. 袖山的编织：两侧同时减针，减针方法如图1-4-1，2-1-22。最后余下22针，直接收针后断线。

4. 同样的方法再编织另一衣袖片。

5. 将两袖片的袖山与衣身的袖窿线边对应缝合，再缝合袖片的侧缝。

前身片制作说明：

1. 前身片为一片编织，从衣摆边开始编织，往上编织至肩部。

2. 起94针，完成双罗纹针后均匀加8针，编织21cm后，即从第53行开始花样针编织。共编织52cm后，即129行，从第130行开始袖窿减针，方法为1-4-1，2-1-22，前身片的袖窿减少针数为52针，减针后往上编织至65cm的高度时，从织片的中间留26针不织，可以收针，亦可以留作编织衣领连接，可用防解别针锁住，两侧余下的针数，衣领侧减针，方法为2-2-4，2-1-2，最后两侧的针数余下2针，收针断线。详细编织图解见图2。

3. 完成后，将后身片的侧缝与前身片的侧片对应缝合。

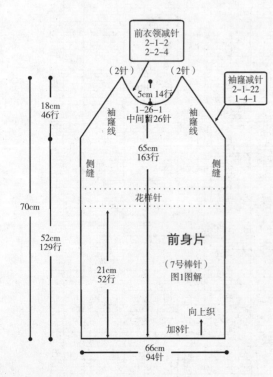

前衣领减针
2-1-2
2-2-4

（2针）　（2针）

5cm 14行

1-26-1
中间留26针

袖窿减针
2-1-22
1-4-1

18cm
46行

袖窿线　袖窿线

侧缝　侧缝

65cm
163行

花样针

70cm

前身片

52cm
129行

（7号棒针）
图1图解

21cm
52行

向上织

加8针

66cm
94针

衣领制作说明：

1. 前后身片、袖片连接对应缝合好后沿着衣领边挑织双罗纹针衣领。

2. 挑出的针数，要比衣领沿边的针数稍多些，然后按照图4的花样起织，共编织31行后，收针断线。将衣领向外折，沿衣领边与身片缝合。

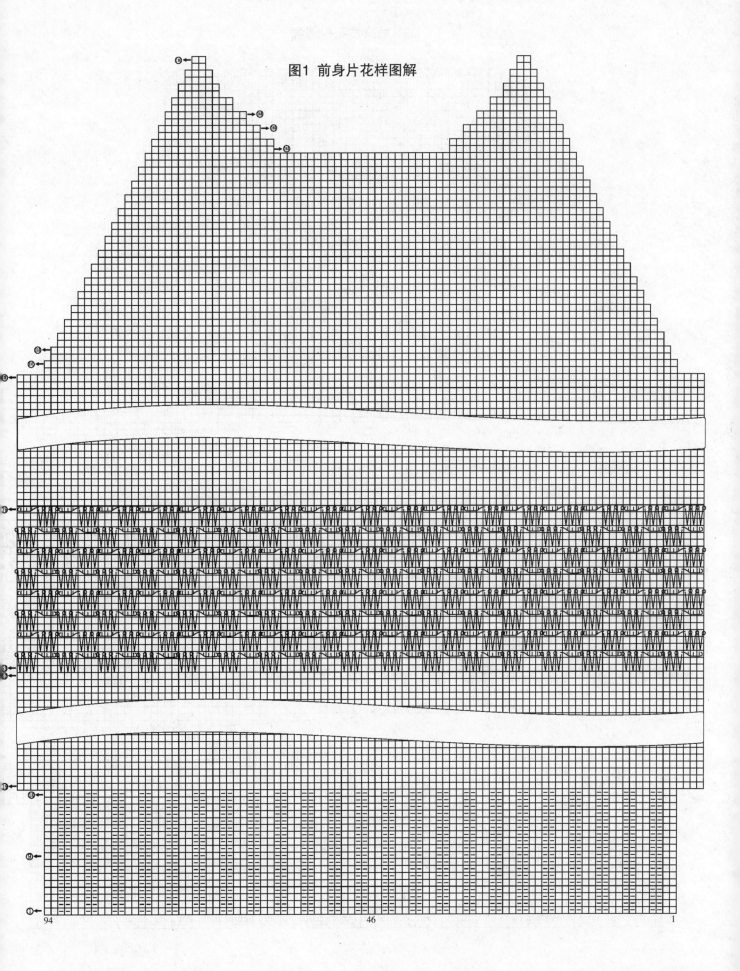

图1 前身片花样图解

图2 后身片花样图解

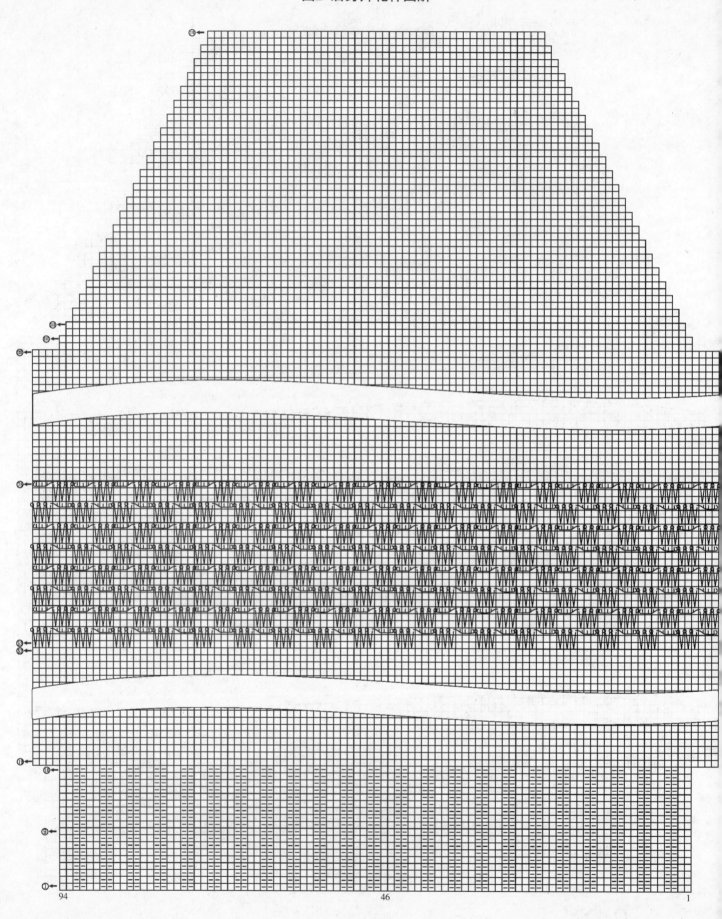

94　　　　　　　　　　　　　　　　46　　　　　　　　　　　　　　　　1

图3 衣袖花样图解

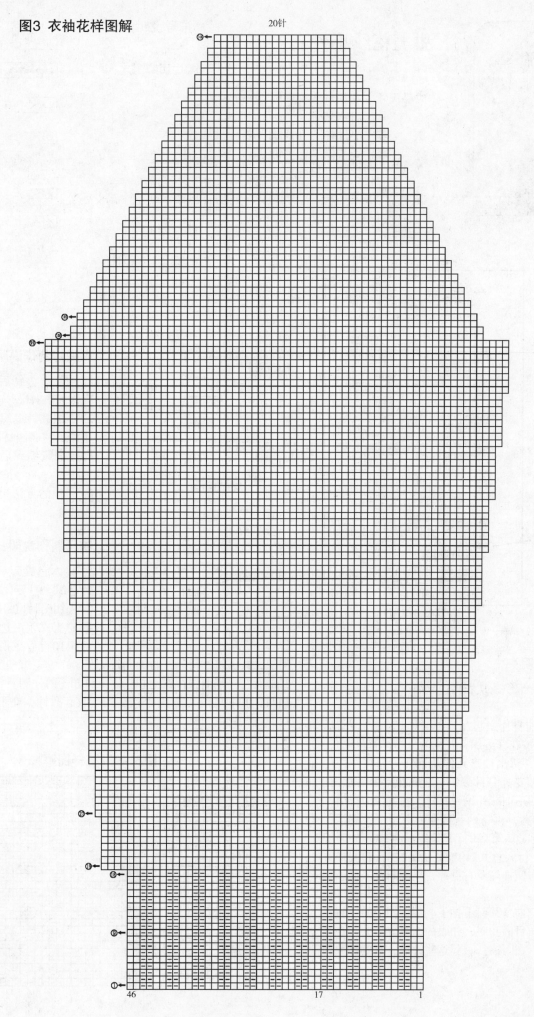

20针

46　　　　　　　　　17　　　　　　1

甜美花纹小外套

【成品尺寸】衣长44cm，胸围110cm，
　　　　　　肩宽36cm
【工　　具】6号棒针，10号环形针
【材　　料】天蓝色羊毛线400g。
　　　　　　棕色大扣子7枚
【编织密度】20针×24行=10cm²

符号说明：

□=上针
□=□=下针
|○|○|=铜钱花
✕=右上3针与左下3针交叉
✕=3上3针与左下3针交叉
✕=右上3针与左下2针交叉
✕=左上3针与右下2针交叉

✕=右上2针交叉
✕=右上4针与左下4针交叉
✕=右上2针和1针交叉
○=镂空针
↓=1针编出3针的加针
∧=左上3针并1针
✕=上针左上2针并1针

2-1-3　　行-针-次

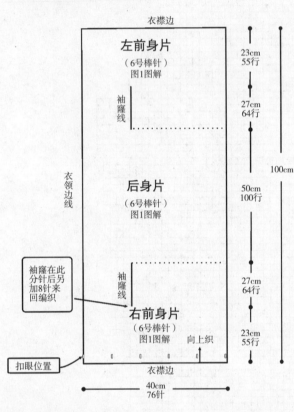

衣襟边
左前身片
（6号棒针）
图1图解

袖隆线

后身片
（6号棒针）
图1图解

衣领边线

袖隆线

袖隆在此分针后另加出8针来回编织

右前身片
（6号棒针）
图1图解
向上织

扣眼位置

衣襟边

23cm
55行

27cm
64行

50cm
100行

100cm

27cm
64行

23cm
55行

40cm
76针

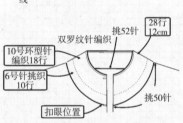

单独加8针

袖隆线

右前身片

衣领边线

衣襟边

衣袖片制作说明：

1. 袖隆处分针后在衣领方向针上直接加出8针，连接编织。
2. 不加减针编织27cm，即64行后将加出的8针收针，再连接另一花样针继续编织后身片。编织花样见图2。
3. 同样的方法再编织完成另一侧衣袖片。

衣领制作说明：

1. 整体完成后，再沿着衣领边挑针起织。
2. 先用6号针挑出衣领片，挑的针数要比衣领沿边的针数稍少些，编织10行后更换10号环形针继续编织，共编织28行后，收针断线。

双罗纹针编织
10号环型针编织18行
6号针挑10行
扣眼位置

挑52针
28行12cm
挑50针

身片制作说明：

1. 身片为一片编织，从衣襟边起织，从左侧编织至右侧。
2. 先编织右前身片，起76针编织双罗纹针，8行后即第9行开始按花样编织，花样的分布详解见图1，织23cm高后，留出袖隆，即从第56行起将花样中的麻花与菠萝花处分针编织，在麻花针处另加出8针，分别来回不加减针编织花样，各编织64行后，收掉加出的8针，再将两花样合为原来一针编织，共编织119行。从第120行起编织后身片，共编织50cm，即119行，总共219行。从第220行起同样方法编织完成右侧袖隆及右身片，收针断线。详细编织图解见图1。
3. 最后在一侧前身片钉上扣子。不钉扣子的一侧，要制作相应数目的扣眼，扣眼的编织方法为，在当行收起数针，在下一行重起这些针数，这些针数两侧正常编织。

3. 最后在一侧前领片钉上扣子。不钉扣子的一侧，要制作相应数目的扣眼，扣眼的编织方法为，在当行收起数针，在下一行重起这些针数，这些针数两侧正常编织。

图3 衣领花样图解

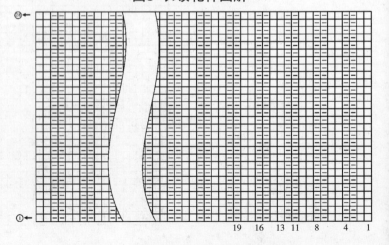

19　16　13 11　8　4　1

图1 身片花样图解

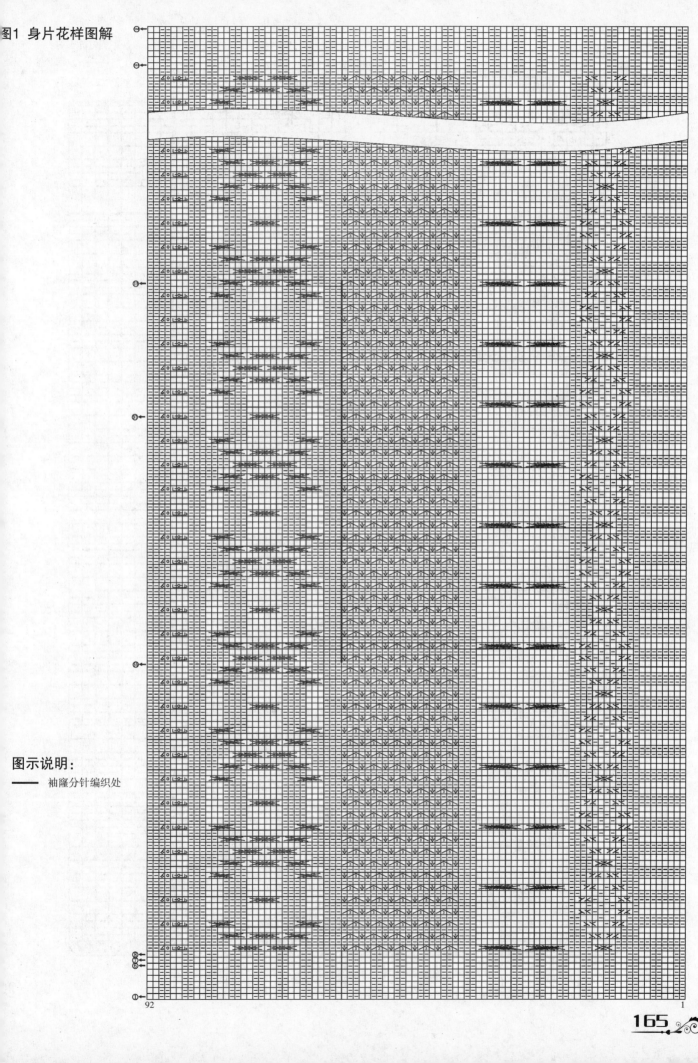

图示说明：
—— 袖窿分针编织处

92 1

图2 衣袖花样图解

图示说明：
—— 袖隆分针编织处
- 收针

衣领边

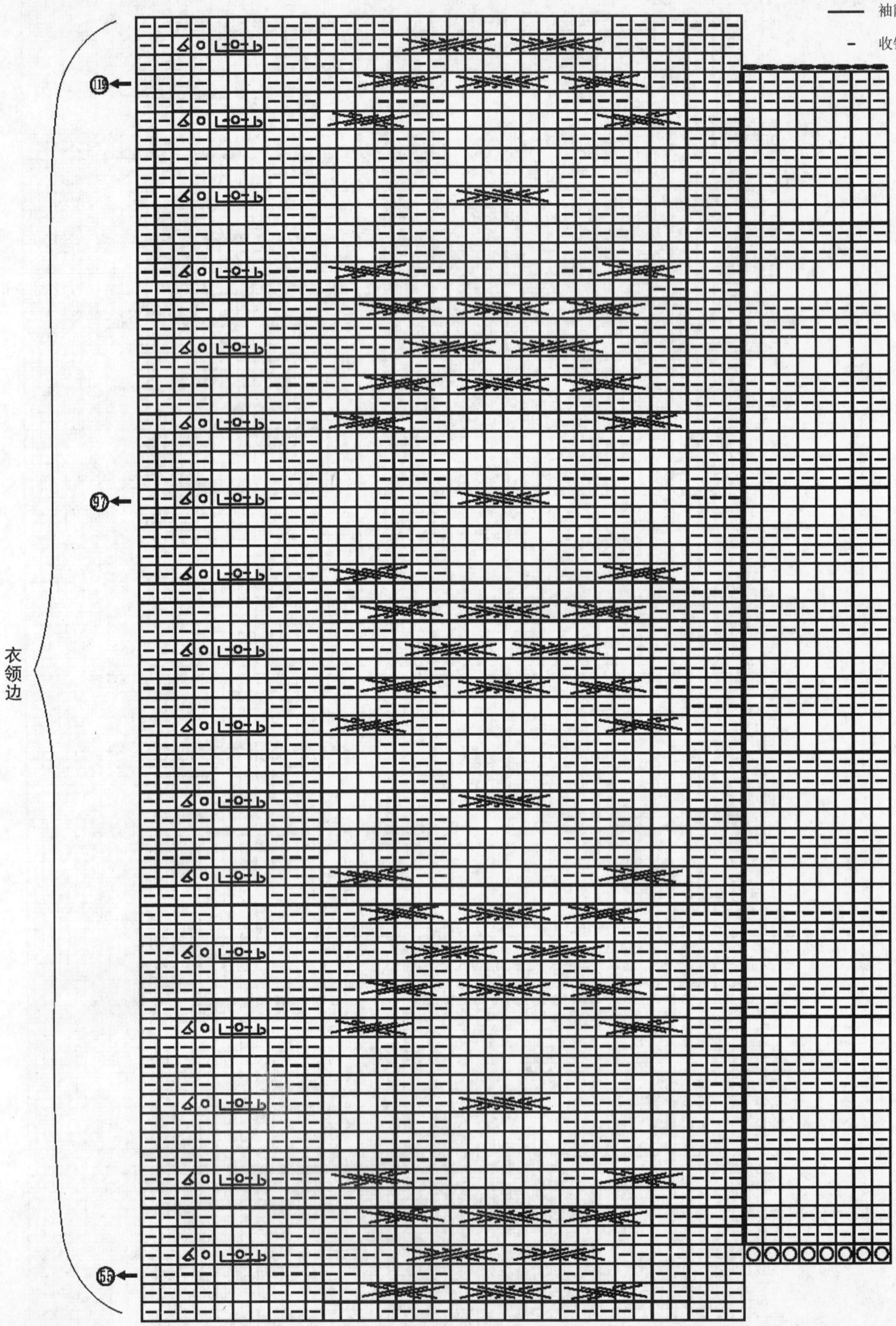

一字领时尚外套

【成品尺寸】衣长71cm，胸围86cm，袖长12cm
【工　　具】7号棒针，缝衣针
【材　　料】白色毛晴线500g
【编织密度】21针×25.5行=10cm²

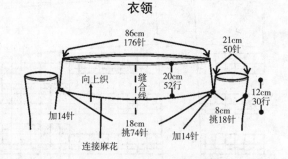
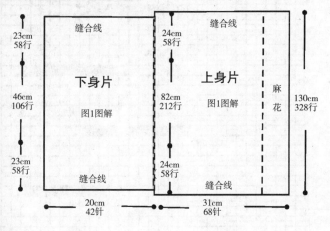

身片制作说明：

1. 全身片为整片横向编织。从后中缝起110针后，来回编织下针与麻花作为后下身片和后上身片，花样的分布详解见图1。

2. 编织到第58行时，一侧的麻花针不变，留出中间49针作为上前身片，余下42针作为下前身片，然后从第59行起麻花针及中间留出的49针要来回编织2次，而另一侧分出的42针只编织1次，花样的编织方法详见图1。

3. 编织到第121行后恢复来回编织下针与麻花针，下身片编织到第178行后收针断线。

4. 整体完成后沿后中缝在反面缝合。

围肩袖制作说明：

1. 从后片正面缝合处开始挑织，方法是先挑起37针，到左肩部时另加14针，再继续挑织前片76针，前片挑针时要比实际行数少挑，到右肩部时再加14针，然后挑织到终点圈织形成围肩，然后按照图2围肩花样图解开始编织。编织至52行时收针断线。

2. 另起针挑织一侧袖，到加针处挑起14针圈织，袖共挑织54针；同样方法完成另一侧袖，编织到30行时收针断线。

衣领

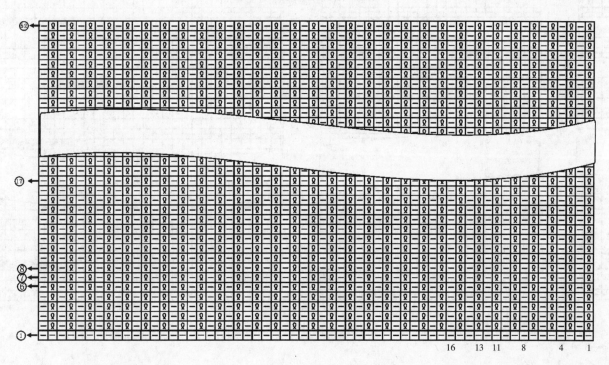

图2 围肩、袖花样图解

图1 身片花样图解

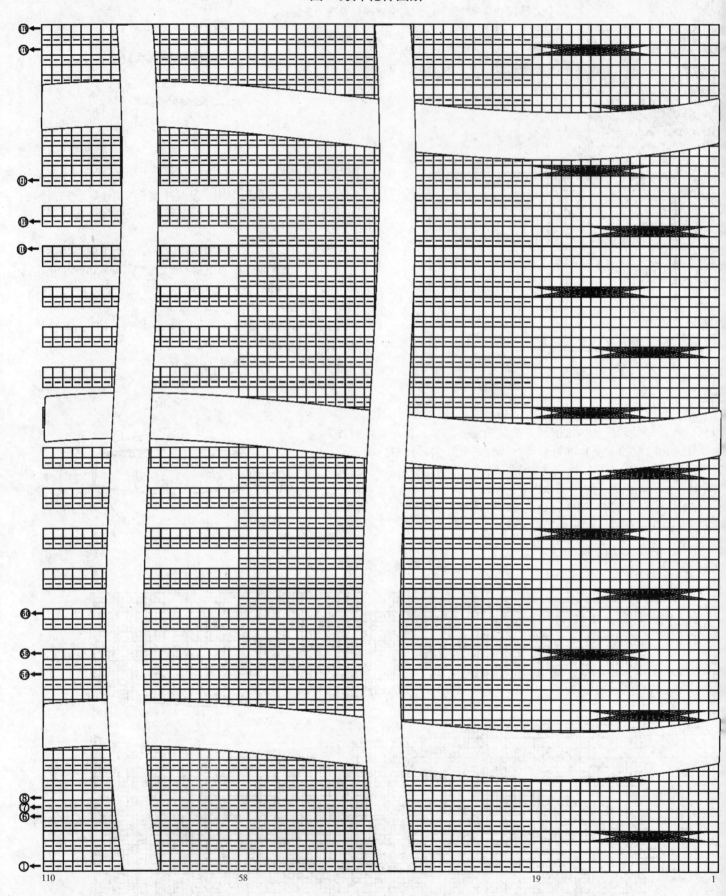

110   58   19   1

【成品尺寸】衣长58cm，胸围88cm
【工　　具】3.0mm棒针，2.50mm钩针1枚
【材　　料】丝棉线650g
【编织密度】36针×40行=10cm²

符号说明：

T =长针

V =加1针

A =2针并1针

制作说明：

钩棒结合衣，无袖衫棒针织成，披肩用钩针。

1. 后片：按拨号起法图解起针，起158针织单罗纹7cm，上面织平针，直至开挂肩，肩织平肩。

2. 前片：织法同后片，织到高度时开领窝。

3. 领：织双罗纹。

4. 披肩：用钩针按图解钩出披肩，按相同的符号缝合相对应的部位。

高领收腰两件套

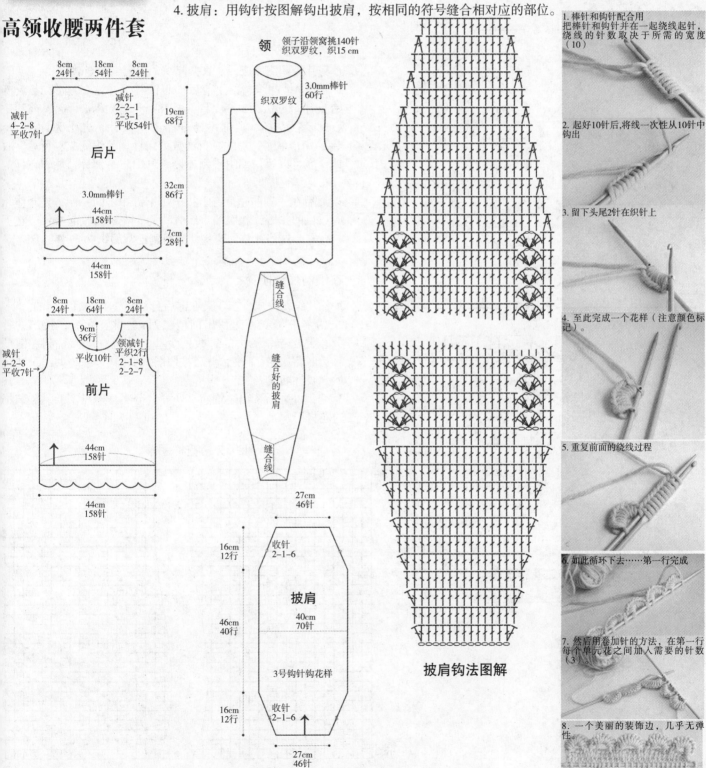

后片

8cm 24针　18cm 54针　8cm 24针
减针 2-2-1 2-3-1 平收54针
19cm 68行
减针 4-2-8 平收7针
3.0mm棒针
32cm 86行
44cm 158针
7cm 28针
44cm 158针

前片

8cm 24针　18cm 64针　8cm 24针
9cm 36针
减针 4-2-8 平收7针
平收10针
领减针 平织12行 2-1-8 2-2-7
44cm 158针
44cm 158针

领

领子沿领窝挑140针 织双罗纹，织15 cm
织双罗纹
3.0mm棒针 60行

缝合线
缝合好的披肩
缝合线

披肩

27cm 46针
16cm 12行
收针 2-1-6
46cm 40行
40cm 70针
3号钩针钩花样
16cm 12行
收针 2-1-6
27cm 46针

披肩钩法图解

1. 棒针和钩针配合用
把棒针和钩针并在一起绕线起针，绕线的针数取决于所需的宽度（10）

2. 起好10针后，将线一次性从10针中钩出

3. 留下头尾2针在织针上

4. 至此完成一个花样（注意颜色标记）。

5. 重复前面的绕线过程

6. 如此循环下去……第一行完成

7. 然后用卷加针的方法，在第一行每个单元花之间加入需要的针数（3）

8. 一个美丽的装饰边，几乎无弹性。

图解拨号起针法，图片来源于网络。

169

个性休闲高领披肩

【成品尺寸】衣长68cm
【工　　具】6号环形针，钩针
【材　　料】黑色羊毛线150g，钮扣2枚
【编织密度】18针×30行=10cm²

符号说明：

□=上针
□=回=下针
回=镂空针
回=扭针
Ⅰ=长针
º=辫子针
⁺=短针

区=右上2针并1针
区=左上2针并1针
区=右上扭针的1针交叉
区=左上扭针的1针交叉

2-1-3　　行-针-次

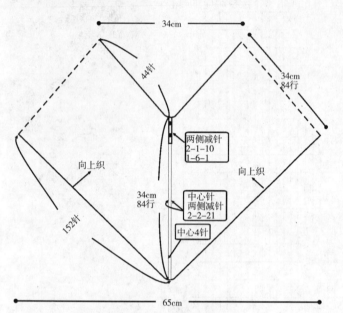

两侧减针
2-1-10
1-6-1

中心针
两侧减针
2-2-21

中心4针

34cm
34cm
84行
44针
向上织
向上织
152针
34cm
84行
65cm

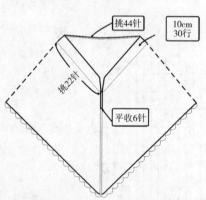

挑44针
10cm
30行
挑22针
平收6针

图3 装饰边花样图解

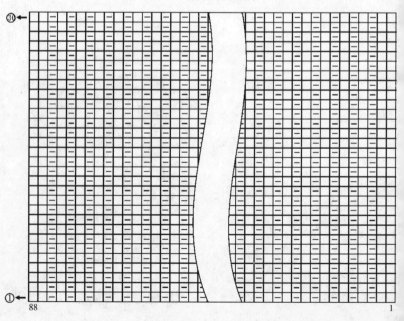

披肩制作说明：

1. 身片为圈织完成，从衣摆起织，往上编织至肩部。
2. 起304针圈织，留出前后中心针4针，然后，从第2行起开始减针，方法为2-2-21，共织84行，从第68行起，前片中心针变换花样，同时两侧开始门襟减针，方法为1-6-1，2-1-10，单侧门襟的减少针数为10针。编织完成84行后，收针，亦可以留作编织衣领连接，可用防解别针锁住。花样的分布详解见图1。
3. 最后在一侧前领片钉上扣子。不钉扣子的一侧，要制作相应数目的扣眼，扣眼的编织方法为，在当行收起数针，在下一行重起这些针数，这些针数两侧正常编织。

衣领制作说明：

1. 一片编织完成。衣领是在前后身片整体完成后起编的。
2. 沿着右侧衣领边留出前门襟2针后挑针起织，挑出的针数，要比衣领沿边的针数稍少些，共挑88针，挑到左前门襟边时留出2针不挑，然后按照图2的花样起织，共编织30行后，收针断线。
3. 全部完成后钩出装饰边。花样的分布详解见图3，图3装饰边花样图解。

图2 衣领花样图解

88　　　　　　　　　　　　　　　　1

图1 前后身片花样图解

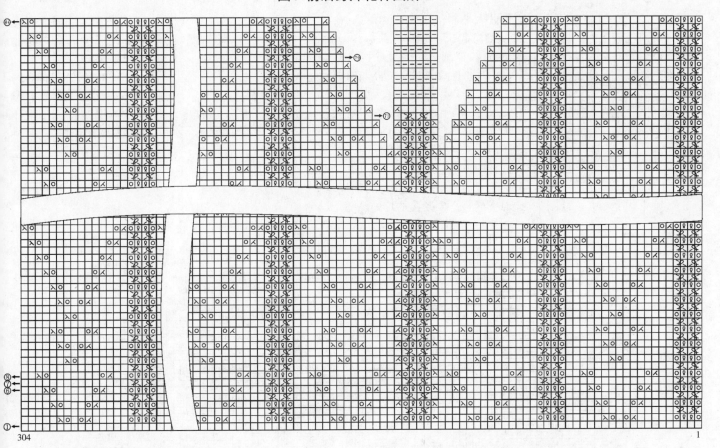

304

1

扭花纹连帽针织衫

后身片制作说明:

1. 后身片为一片编织,从衣摆边开始编织,往上编织至肩部。

2. 起70针编织,共编织30cm后,即73行,从第74行开始袖窿减针,方法为2-1-19,后身片的袖窿减少针数为18针。详细编织图解见图2。

3. 完成后,将后身片的侧缝与前身片的侧片对应缝合,后领连接继续编织帽子,可用防解别针锁住。

前身片制作说明:

1. 前身片为单片编织,从衣摆起针编织,往上加针编织至肩部。

2. 起93针编织前身片,共编织30cm后,即73行,从第74行开始袖窿减针,方法为1-4-1,2-2-4,2-1-10,前身片的袖窿减少针数为22针。织至42cm高度时,开始前衣领减针,减针方法为3-1-1,2-2-1,2-1-3,中间留17针不织,最后余下10针,织至46cm,共111行。详细编织图解见图1。

3. 完成后,将两前身片的侧缝与后身片的侧缝对应缝合,再将两肩部与袖片袖窿对应缝合。

【成品尺寸】 衣长46cm,胸围100cm,袖长45cm

【工 具】 7号棒针,环形针,缝衣针

【材 料】 紫色纯毛线1000g

【编织密度】 18针×25行=10cm²

符号说明:

㉓=上针	◰◳◰◳=左上2针交叉
▢=▢下针	◳◰◳◰=右上2针交叉
小球织法	☒=扭针
◉=	◳◰◳=右上2针和1针交叉
	◳◰◳◰=右上3针与左下3针交叉

2-2-1 行-针-次

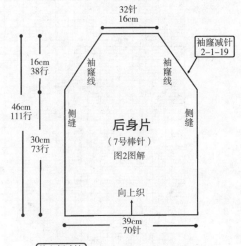

32针
16cm

16cm
38行

袖窿减针
2-1-19

袖窿线   袖窿线

46cm
111行

侧缝   后身片   侧缝
(7号棒针)
图2图解

30cm
73行

向上织

39cm
70针

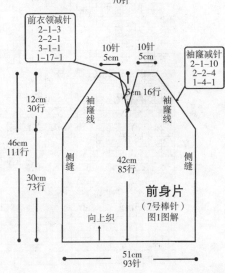

前衣领减针
2-1-3
2-2-1
3-1-1
1-17-1

10针   10针
5cm   5cm

袖窿减针
2-1-10
2-2-4
1-4-1

12cm
30行

5cm 16行

袖窿线   袖窿线

46cm
111行

侧缝   42cm   侧缝
85行

30cm
73行

前身片
(7号棒针)
图1图解

向上织

51cm
93针

171

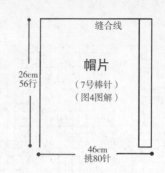

衣袖片制作说明：

1. 两片衣袖片，分别单独编织。

2. 从袖口起织，起38针编织，两侧同时加针，加针方法如图：依次10-1-6，加针到75行。编织花样见图3。

3. 袖山的编织：两侧同时减针，减针方法如图2-2-4，2-1-13。最后余下8针，直接收针后断线。

4. 同样的方法再编织另一衣袖片。

5. 将两袖片的袖山与衣身的袖窿线边对应缝合，再缝合袖片的侧缝。

帽子制作说明：

1. 一片编织完成。先缝合完成肩部后再起针挑织帽片。

2. 挑80针按图4花样编织46cm×26cm的长方形，共编织56行后，收针断线。编织花样见图4。

3. 帽顶对折，沿边缝合。

衣袖片 (图 labels)

袖山减针 2-1-13 2-2-4

余8针

15cm 34行

32cm 50针

衣袖片（7号棒针）（图3图解）

30cm 75行

45cm 109行

侧缝 前10-1-6 向上织

侧缝 加10-1-6

21cm 38针

帽片

缝合线

26cm 56行

帽片（7号棒针）（图4图解）

46cm 挑80针

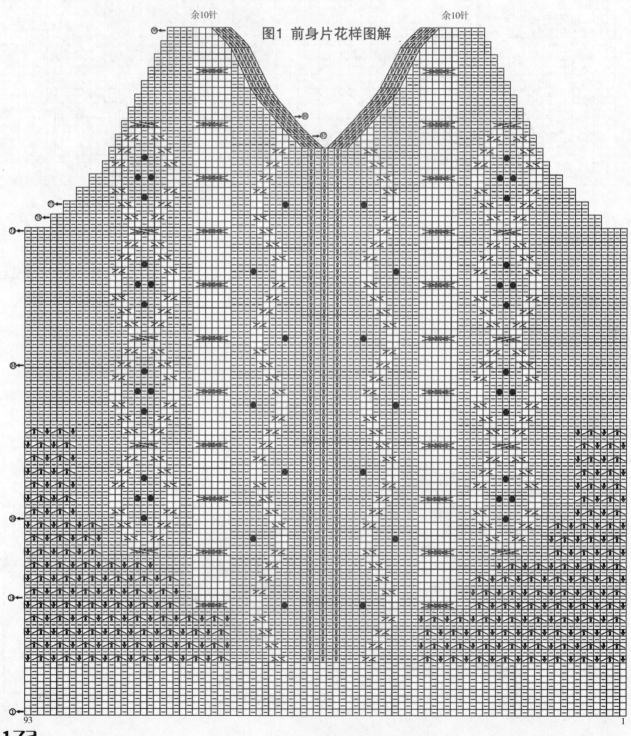

余10针　余10针

图1 前身片花样图解

93

1

图2 后身片花样图解

余34针

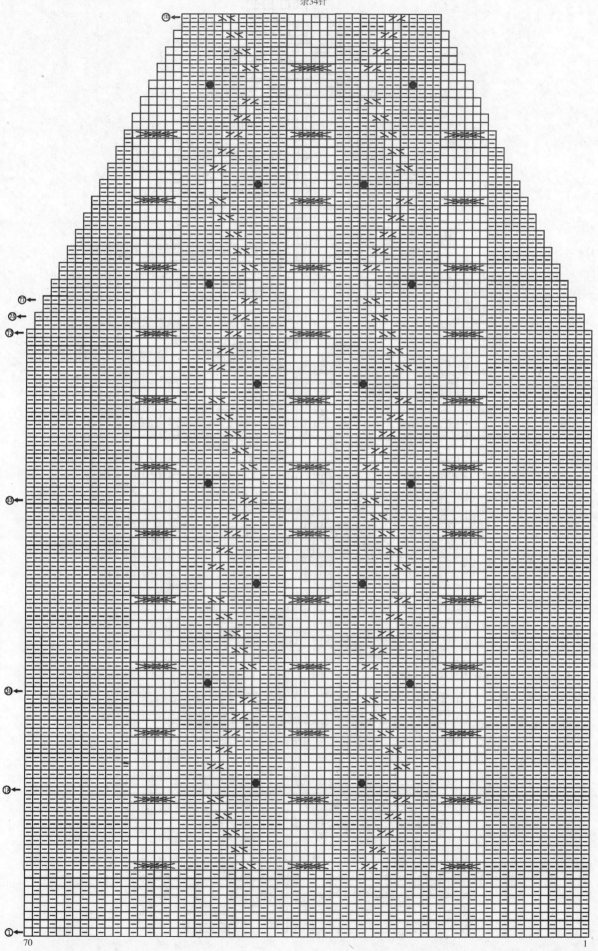

图3 衣袖花样图解

余8针

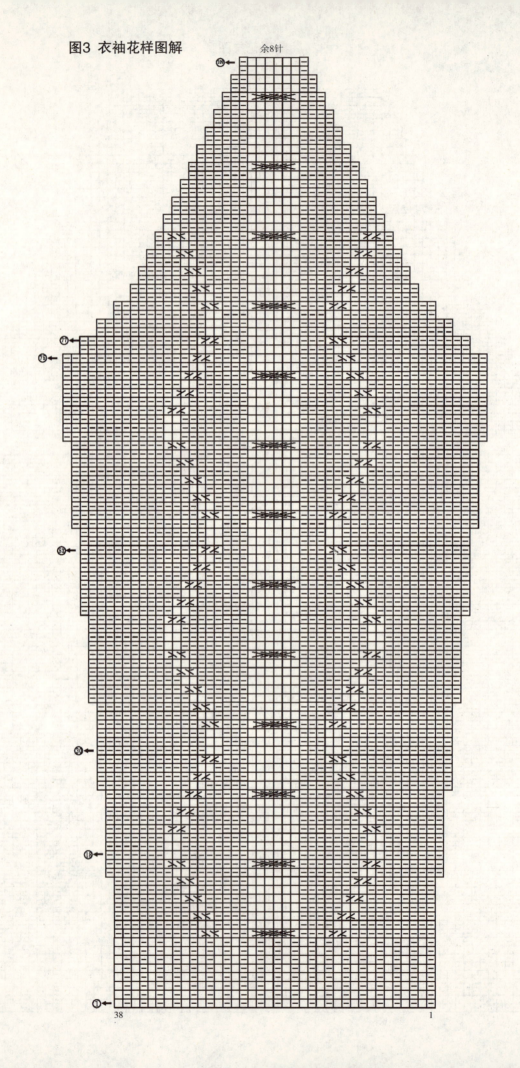

38   1

图4 帽子花样图解

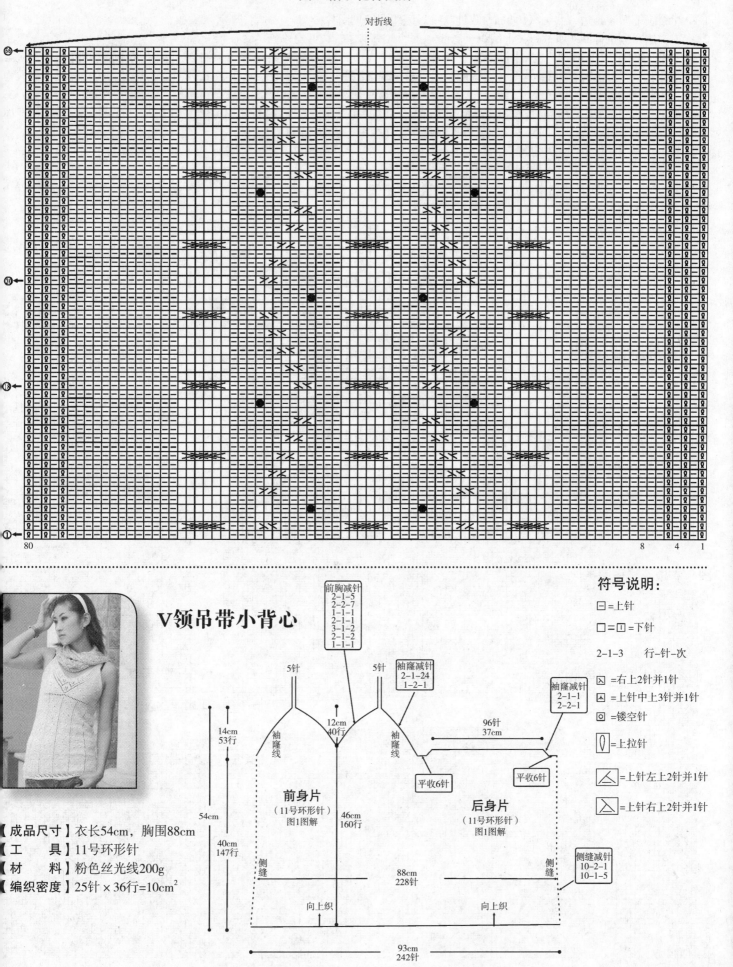

对折线

55

30

15

1

80

8 4 1

V领吊带小背心

符号说明：

□ = 上针

□ = □ = 下针

2-1-3   行-针-次

☒ = 右上2针并1针

☑ = 上针中上3针并1针

□ = 镂空针

∅ = 上拉针

⋏ = 上针左上2针并1针

⋏ = 上针右上2针并1针

前胸减针
2-1-5
2-2-7
1-1-1
2-1-1
3-1-2
2-1-2
1-1-1

5针   5针

袖窿减针
2-1-24
1-2-1

12cm
40行

袖窿线   袖窿线

14cm
53行

袖窿减针
2-1-1
2-2-1

96针
37cm

平收6针   平收6针

54cm

前身片
（11号环形针）
图1图解

46cm
160行

后身片
（11号环形针）
图1图解

40cm
147行

侧缝   侧缝

侧缝减针
10-2-1
10-1-5

88cm
228针

向上织   向上织

93cm
242针

【成品尺寸】衣长54cm，胸围88cm

【工　　具】11号环形针

【材　　料】粉色丝光线200g

【编织密度】25针×36行=10cm²

制作说明：

1. 单片编织下摆装饰边，共编织106cm，收针断线。编织图解见图1。
2. 从装饰边一侧挑针圈织身片，往上编织至肩部。
3. 挑242针编织，10行后两侧侧缝同时减针，方法为10-1-5，10-2-1，每侧共减7针，不加减针编织40cm后，即147行，从第148行将圈织均分开为前、后身片两片编，即开始后身片袖窿减针，方法为1-6-1，2-2-1，2-1-1，后身片的袖窿减少针数为9针，余96针后编织10行单罗纹针，收针断线。再进行前身片袖窿减针，方法为1-2-1，2-1-24，前身片的袖窿减少针数为26针。织至46cm高度时，开始前胸减针，减针方法为1-1-1，2-1-2，3-1-2，2-1-1，1-1-1，2-2-7，2-1-5，余下5针，不加减针编织28cm长作为吊带。同样方法完成另一侧胸片。详细编织图解见图2。
4. 完成后，将两侧吊带与后片缝缝合。

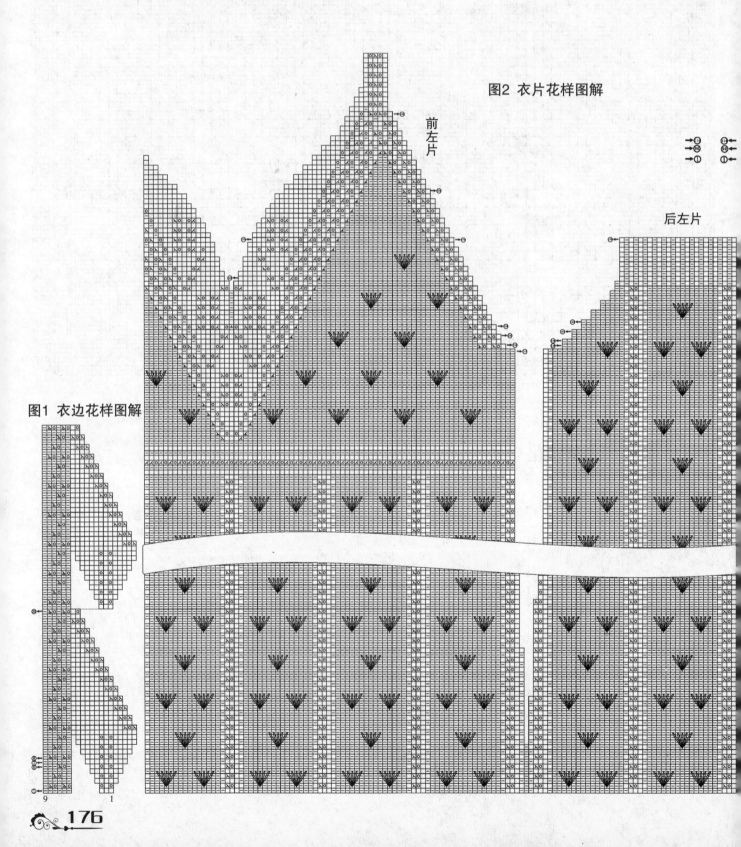

图2 衣片花样图解

前左片

后左片

图1 衣边花样图解

斜开领动感大披肩

【成品尺寸】衣长60cm，下摆周长104cm
【工　　具】7号棒针
【材　　料】灰色羊毛线300g
【编织密度】17针×18行=10cm²

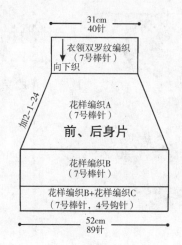

31cm
40针

衣领双罗纹编织
（7号棒针）
向下织

加2-1-24

花样编织A
（7号棒针）
前、后身片

花样编织B
（7号棒针）

花样编织B+花样编织C
（7号棒针，4号钩针）

52cm
89针

13cm
23行

26cm
48行

60cm
108行

13cm
23行

8cm
14行

衣领编织花样图解

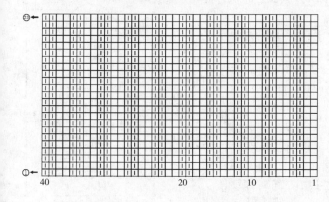

40　　　　20　　　　10　　　1

制作说明：

1. 前后身片为一片编织，从衣领起织，往下编织。

2. 起89针编织双罗纹针，共编织23行后，将第一针与最后一针连接圈织，将第89针和第1针用别针别起，第40针和第41针别起，作为侧骨，挑136针，从第25行起开始编织花样A，花样分布详见图1，两条侧骨的两侧每2行各加1针，方法为2-1-24，衣摆最后为168针（含侧骨4针），最后一行将衣摆均匀加针为178针，从两侧骨处分开为两片单独编织花样B，织13cm（23行）高后，按图示方法收针，再织14行后，收针断线。

3. 钩织吊花，钩织方法如花样钩织C。

图1 前、后身片花样图解

花样编织C

花样编织B

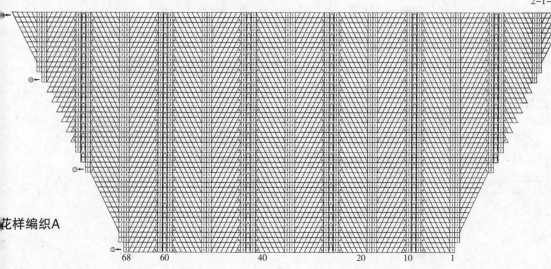

89　80　　70　　60　　50　　40　　30　　20　　10　　1

花样编织A

68　　60　　　40　　　20　　10　　1

符号说明：

□ = □ = 上针

□ = 下针

= 左上2针与右下2针相交叉，中间1针下针

= 右上2针与左下2针相交叉，中间1针下针

= 右上2针与左下1针相交叉

= 左上2针与右下1针相交叉

= 上针元宝针

= 加针/减针

2-1-3　行-针-次

◦◦◦ = 锁针

† = 短针

= 长针5针的枣形针

简洁圆领毛衣

【成品尺寸】衣长56cm，胸围94cm，
　　　　　　袖长53cm，肩宽36cm
【工　　具】7号棒针，缝衣针
【材　　料】米色羊毛线500g
【编织密度】21针×25.5行＝10cm²

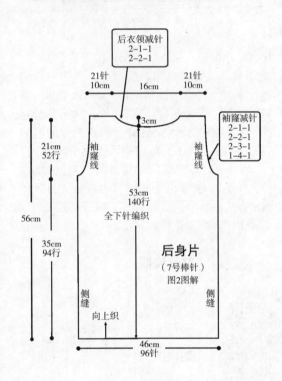

后衣领减针
2-1-1
2-2-1

21针　　　16cm　　　21针
10cm　　　　　　　　10cm
3cm

袖窿减针
2-1-1
2-2-1
2-3-1
1-4-1

21cm
52行

袖窿线　　　　　袖窿线

53cm
140行
全下针编织

56cm

35cm
94行

后身片
（7号棒针）
图2图解

侧缝　　　　　　　侧缝

向上织

46cm
96针

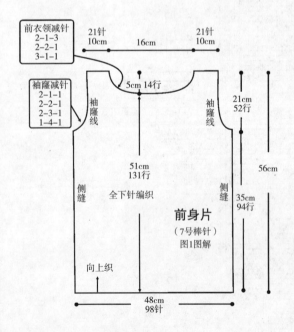

前衣领减针
2-1-3
2-2-1
3-1-1

21针　　　16cm　　　21针
10cm　　　　　　　　10cm

袖窿减针
2-1-1
2-2-1
2-1-1
1-4-1

5cm 14行

袖窿线　　　　　袖窿线

21cm
52行

51cm
131行
全下针编织

56cm

35cm
94行

前身片
（7号棒针）
图1图解

侧缝　　　　　　　侧缝

向上织

48cm
98针

后身片制作说明：

1. 后身片为一片编织，从衣摆起织，往上编织至肩部。

2. 起96针编织上下针，编织方法是来回编织8行下针，从第9行起，全部编织下针，共编织35cm后，即94行，从第95行开始袖窿减针，方法为1-4-1，2-3-1，2-2-1，2-1-1，后身片的袖窿减少针数为10针。减针后，不加减针往上编织至53cm的高度后，从织片的中间留28针不织，可以收针，亦可以留作编织衣领连接，可用防解别针锁住，两侧余下的针数，衣领侧减针，方法为2-2-1，2-1-1，最后两侧的针数余下21针，收针断线。详细编织图解见图2。

前身片制作说明：

1. 前身片为一片编织，从衣摆起织，往上编织至肩部。

2. 起98针编织上下针，编织方法是来回编织8行下针，从第9行起，全部编织下针，共编织35cm后，即94行，从第95行开始袖窿减针，方法为1-4-1，2-3-1，2-2-1，2-1-3，前身片的袖窿减少针数为12针。减针后，不加减针往上编织至51cm的高度后，从织片的中间留20针不织，可以收针，亦可以留作编织衣领连接，可用防解别针锁住，两侧余下的针数，衣领侧减针，方法为3-1-1，2-2-1，2-1-3，最后两侧的针数余下21针，收针断线。详细编织图解见图1。

3. 同样的方法再编织另一前身片，完成后，将两前身片的侧缝与后身片的侧缝对应缝合，再将两肩部对应缝合。最后在一侧前身片钉上扣子。不钉扣子的一侧，要制作相应数目的扣眼，扣眼的编织方法为，在当行收起数针，在下一行重起这些针数，这些针数两侧正常编织。

袖山减
1-2-7
2-2-8
1-4-1

余18针

9.4cm
24行

40cm
86针

衣袖片
（7号棒针）
图3花样

43.6cm
90行

加6-1-12　　　加6-1-12

向上织

53cm
114行

侧缝　　　　　侧缝

29.5cm
62针

衣袖片制作说明：

1. 两片衣袖片，分别单独编织。

2. 从袖口起织，起62针编织图3花样，不加减针织12行后，两侧同时加针编织，加针方法为6-1-12，加至79行，然后不加减针织至90行，编织花样见图3。

3. 袖山的编织：从第一行起要减针编织，两侧同时减针，减针方法如图：依次1-4-1，2-2-8，1-2-7，最后余下18针，直接收针后断线。

4. 同样的方法再编织另一衣袖片。

5. 将两袖片的袖山与衣身的袖窿线边对应缝合，再缝合袖片的侧缝。

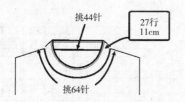

挑44针　27行 11cm

挑64针

衣领制作说明:

1. 一片编织完成。衣领是在前后身片缝合好后的前提下起编的.

2. 沿一侧肩缝挑针起织领片,挑出的针数,要比衣领沿边的针数稍多些,然后按照图4的花样起织,共编织27行后,收针断线。

图1 前身片花样图解

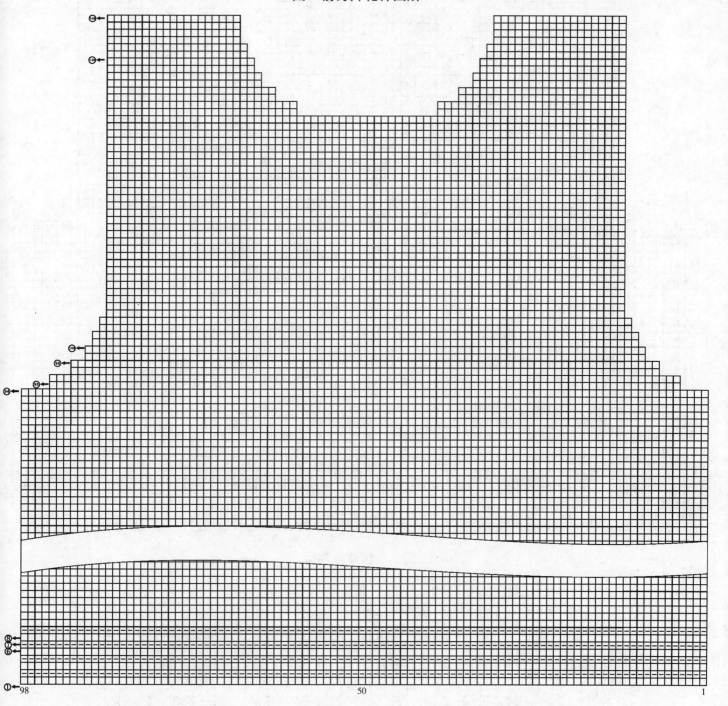

98　　　　　　　　　50　　　　　　　　　1

图2 后身片花样图解

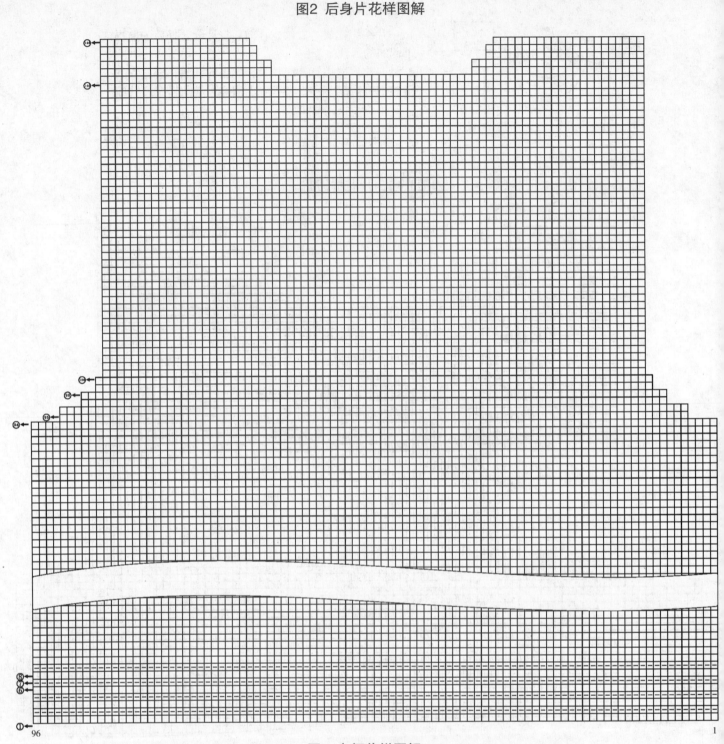

图4 衣领花样图解

图3 衣袖花样图解

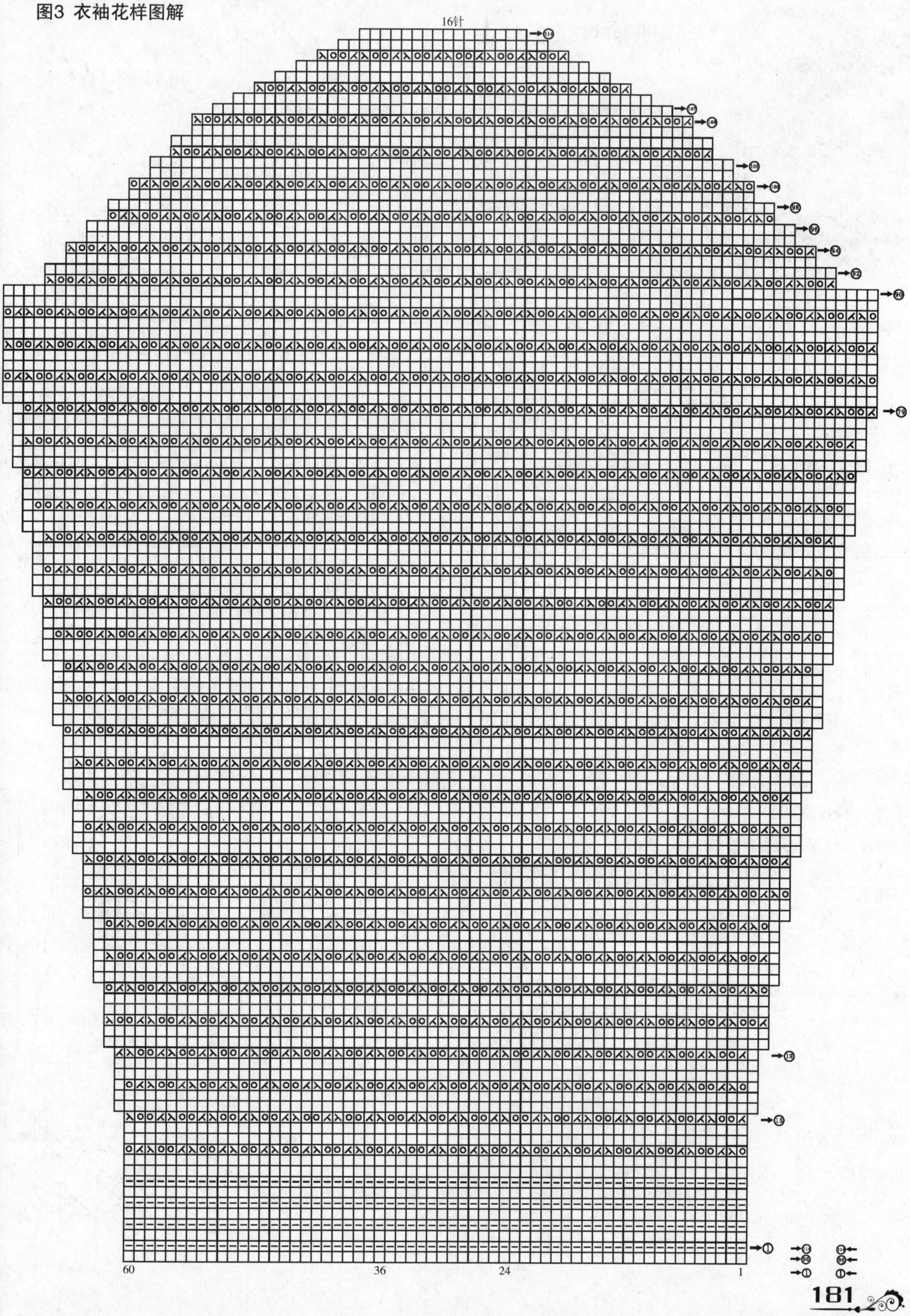

16针

60　　　　　　　　　　36　　　　24　　　　　　　1

喇叭袖对襟小外套

【成品尺寸】衣长53cm，胸围48cm，袖长42cm，肩宽35cm

【工　　具】6号环形针，棒针，缝衣针

【材　　料】白色羊毛线800g。银色扣子4枚

【编织密度】14针×20行=10cm²

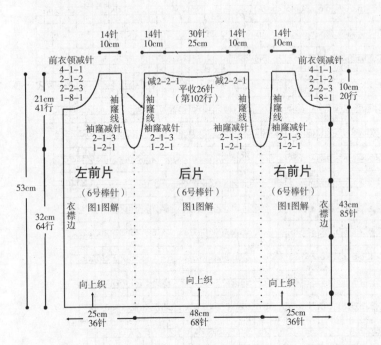

身片制作说明：

1. 身片为一片整体编织，从衣摆起织，往上编织至肩部。

2. 起140针编织，参照图解1。编织花样32cm，织成64行，从第65行起分别开始袖窿减针，方法为1-2-1，2-1-3，前、后身片的袖窿减少针数各为5针。减针后，后身片不加减针往上编织至51cm的高度后，从织片的中间留26针不织，可以收针，亦可以留作编织衣领连接，可用防解别针锁住，两侧余下的针数，衣领侧减针，方法为2-2-1，最后两侧的针数余下14针，收针断线。前左、右身片织至43cm高度时，开始前衣领减针，减针方法为1-8-1，2-2-3，2-1-2，4-1-1，最后余下14针，织至53cm，共105行。详细编织图解见图1。

3. 完成后，将两前身片的肩部与后身片肩部对应缝合。最后在一侧前身片钉上扣子。不钉扣子的一侧，要制作相应数目的扣眼，扣眼的编织方法为，在当行收起数针，在下一行重起这些针数，这些针数两侧正常编织。

衣袖片制作说明：

1. 两片衣袖片，分别单独编织。

2. 从袖口起织，起56针编织，11行后开始两侧同时减针编织，减针方法为6-1-4，8-1-3，花样见图3。

3. 袖山的编织：两侧同时减针，方法为1-2-1，2-1-11，1-2-1，最后余下12针，直接收针后断线。

4. 同样的方法再编织另一衣袖片。

5. 将两袖片的袖山与衣身的袖窿线边对应缝合，再缝合袖片的侧缝。

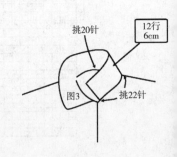

衣领制作说明：

1. 一片编织完成。衣领是在前后身片缝合好后的前提下起编的。

2. 挑起衣襟边6针花样针，再沿着衣领边挑针起织，挑出的针数，要比衣领沿边的针数稍少些，然后按照图3的花样分布，起织，共编织10行后，收针断线。

图1 身片花样图解

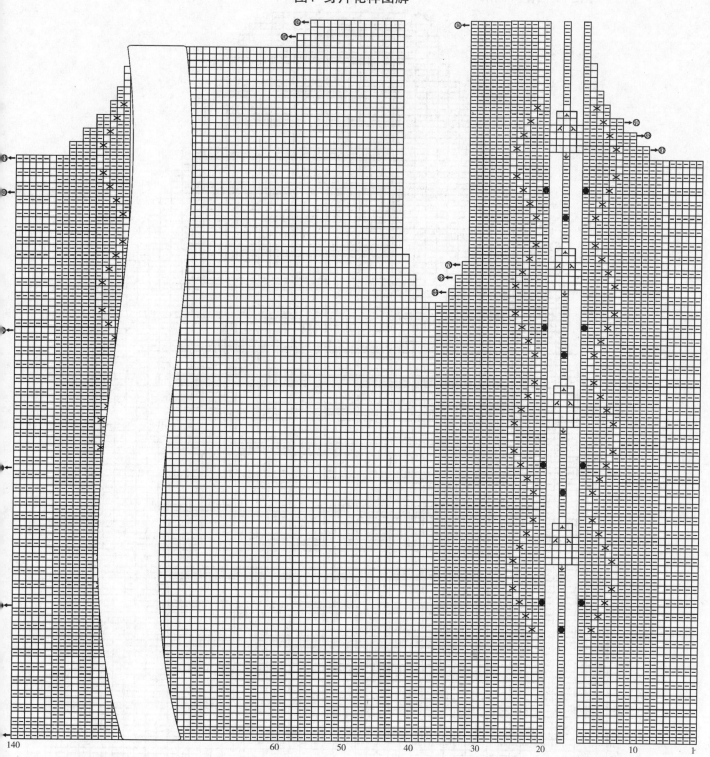

图3 衣领花样图解

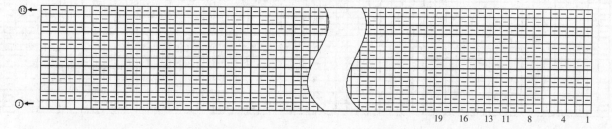

图2 衣袖花样图解

余12针

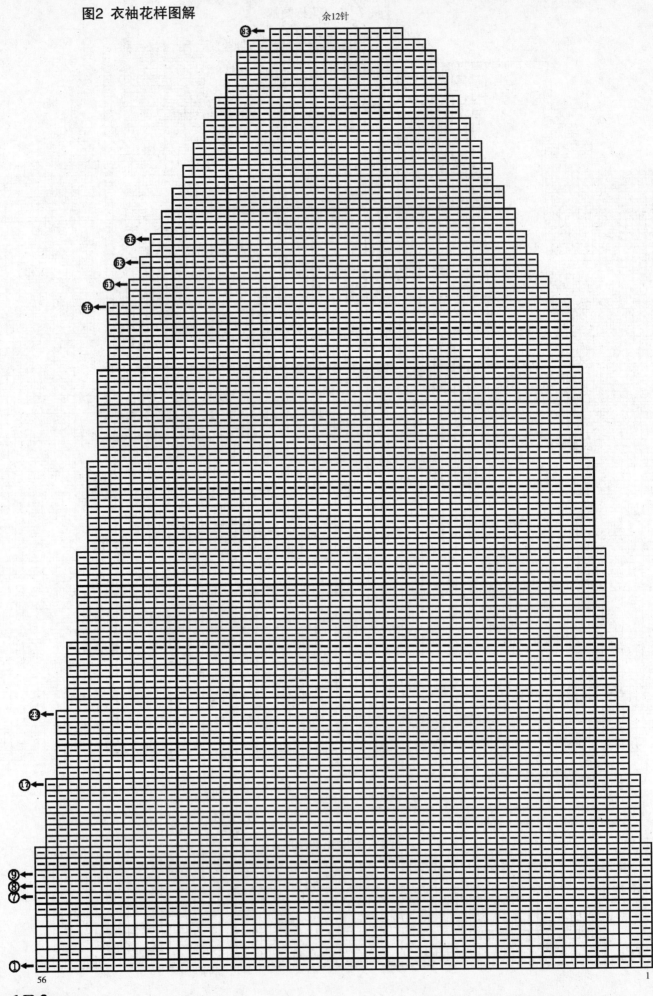

圆领甜美针织衫

【成品尺寸】衣长54cm，胸围150cm，袖长43cm，肩宽36cm

【工　　具】12号棒针，缝衣针

【材　　料】蓝色花羊毛线800g。黑扣子5枚

【编织密度】35针×36行＝10cm²

符号说明：

□＝上针　　　　　　　　☒＝右上2针并1针

□＝Ⅰ＝下针　　　　　　◎＝镂空针

2-1-3　行-针-次　　　　⚇＝扭针

后身片制作说明：

1. 后身片为一片编织，从衣摆起织，往上编织至肩部。

2. 起210针编织，编织58行后，开始变换花并同时减针，减至145针，编织75行后在侧缝两侧同时加针，加针方法为16-1-3，每侧共加针3针。共编织36cm后，即133行，开始袖窿减针，方法为1-4-1，1-2-3，2-1-4，后身片的袖窿减少针数为14针。减针后，不加减针往上编织至52cm的高度后，从织片的中间留73针不织，可以收针，亦可以留作编织衣领连接，可用防解别针锁住，两侧余下的针数，衣领侧减针，方法为2-2-1，2-1-1，最后两侧的针数余下20针，收针断线。花样的分布详解见图2。

前身片制作说明：

1. 前身片分为两片编织，左身片和右身片各一片，花样对应方向相反。

2. 起织与后身片相同，前身片起111针编织。同样58行后，开始变换花并同时减针，减至81针，编织75行后在侧缝两侧同时加针，加针方法为16-1-3，每侧共加针3针。共编织36cm后，即133行，开始袖窿减针，方法为1-4-1，1-2-3，2-1-4，前身片的袖窿减少针数为14针。减针后，不加减针往上编织至48cm的高度后，留出衣襟边9针作编织衣领连接，可用防解别针锁住，余下的针数，开始前衣领减针，方法为1-14-1，1-3-2，1-2-4，1-1-7，2-1-6，最后余下20针，收针断线。花样的分布详解见图1。

3. 同样的方法再编织另一前身片，完成后，将两前身片的侧缝与后身片的侧缝对应缝合，再将两肩部对应缝合。最后在一侧前身片钉上扣子。不钉扣子的一侧，要制作相应数目的扣眼，扣眼的编织方法见图1。

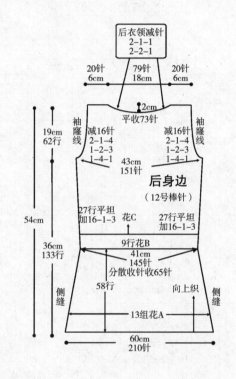

后衣领减针
2-1-1
2-2-1

20针 6cm　　79针 18cm　　20针 6cm

2cm

平收73针

袖窿线　减16针 2-1-4 1-2-3 1-4-1　　减16针 2-1-4 1-2-3 1-4-1　袖窿线

19cm 62行

43cm 151针

后身边
（12号棒针）

27行平坦 加16-1-3　花C　27行平坦 加16-1-3

9行花B

41cm 145针

分散收针收65针

54cm

36cm 133行

58行

侧缝　　向上织　　侧缝

13组花A

60cm 210针

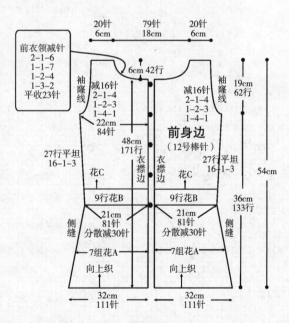

20针 6cm　　79针 18cm　　20针 6cm

前衣领减针
2-1-6
1-1-7
1-2-4
1-1-7
1-3-2
平收23针

6cm 42行

袖窿线　减16针 2-1-4 1-2-3 1-4-1　　减16针 2-1-4 1-2-3 1-4-1　袖窿线

22cm 84针

48cm 171行

前身边
（12号棒针）

衣襟边　衣襟边

27行平坦 16-1-3　花C　花C　27行平坦 16-1-3

9行花B　9行花B

21cm 81针　21cm 81针

分散减30针　分散减30针

侧缝　　7组花A　7组花A　　侧缝

向上织　向上织

32cm 111针　32cm 111针

19cm 62行

54cm

36cm 133行

衣袖片制作说明：

1. 两片衣袖片，分别单独编织。

2. 从袖口起织，起136针编织，共编织57行后按花样减针，第58行开始两侧同时加针编织，加针方法为6-1-10，加至118行，编织花样见图3。

3. 袖山的编织：两侧同时减针，减针方法如图1-5-1，2-2-15，1-2-5。最后余下19针，直接收针后断线。

4. 同样的方法再编织另一衣袖片。

5. 将两袖片的袖山与衣身的袖窿线边对应缝合，再缝合袖片的侧缝。

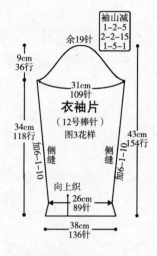

袖山减
1-2-5
2-2-15
1-5-1

余19针

9cm 36行

31cm 109针

衣袖片
（12号棒针）
图3花样

34cm 118行　减6-1-10　43cm 154行　加6-1-10

侧缝　　向上织　　侧缝

26cm 89针

38cm 136针

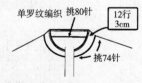

单罗纹编织　挑80针　12行 3cm

挑74针

衣领制作说明：

1. 前后身片缝合好后沿着衣领边挑针起织。

2. 挑出的针数，要比衣领沿边的针数稍少些，共编织12行后，收针断线。

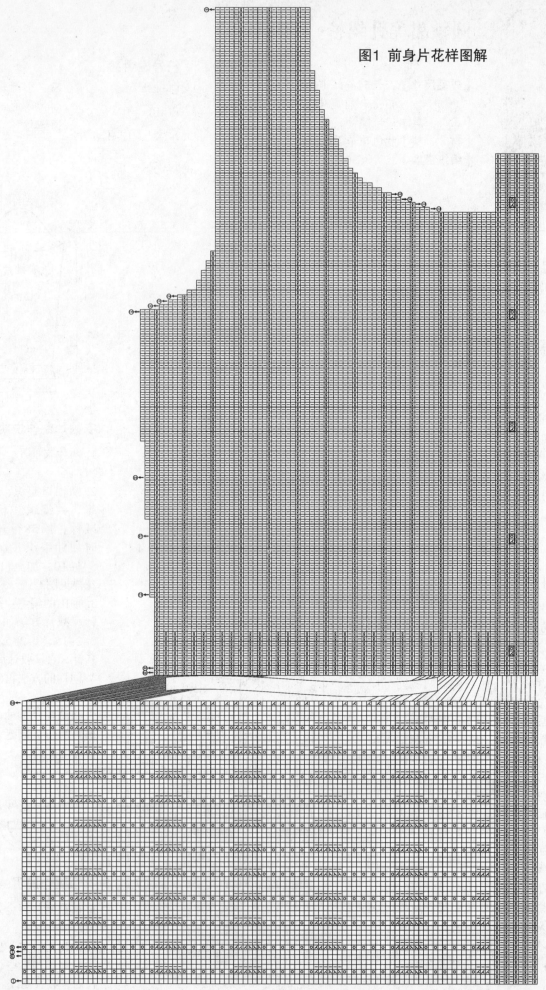

图1 前身片花样图解

图2 后身片花样图解

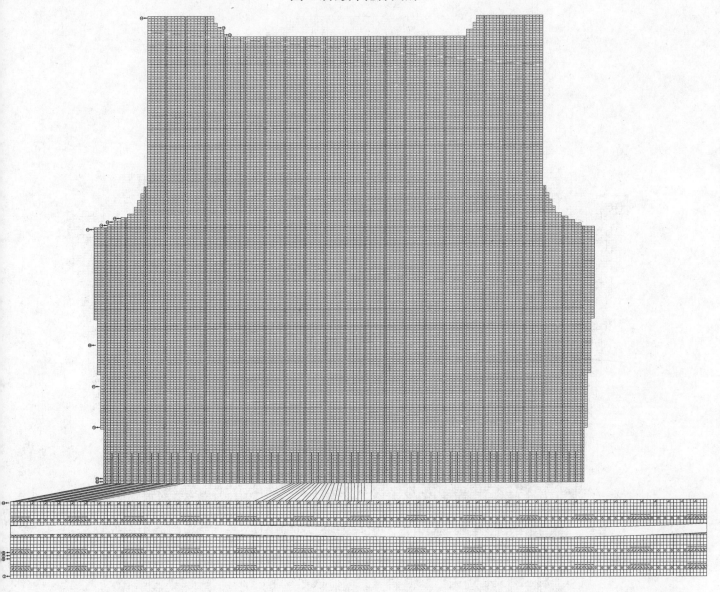

图4 衣领花样图解

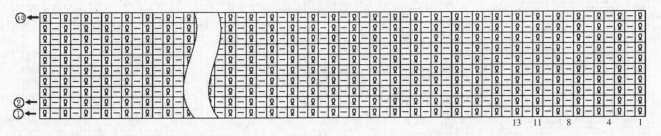

13 11   8   4   1

图3 衣袖花样图解

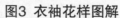

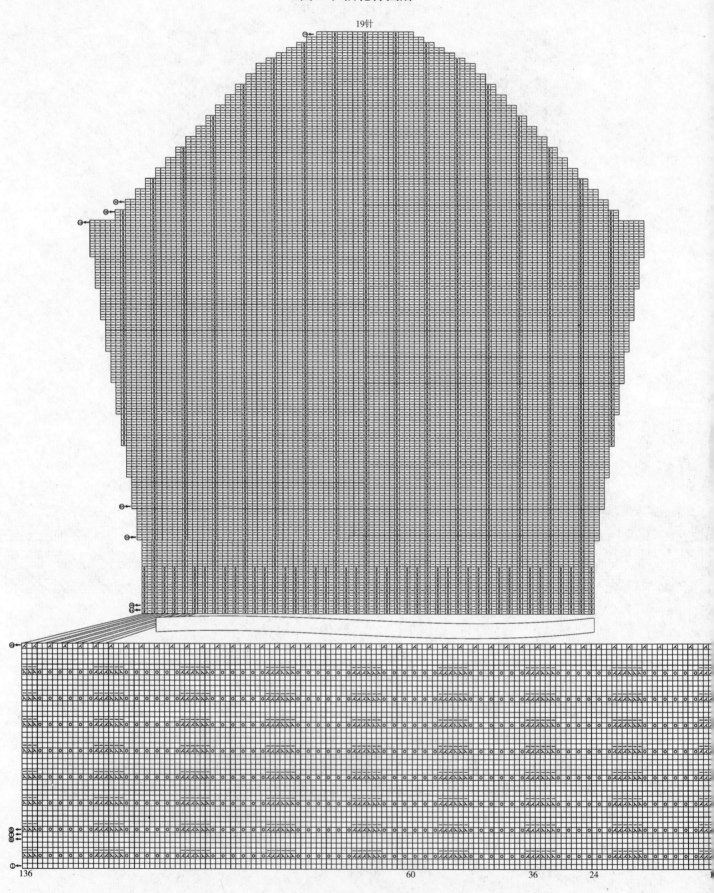

柔美无袖外套

【成品尺寸】衣长56cm，胸围80cm，肩宽23cm
【工　　具】5号棒针，钩针
【材　　料】白色棉线400g
【编织密度】12针×13行=10cm²

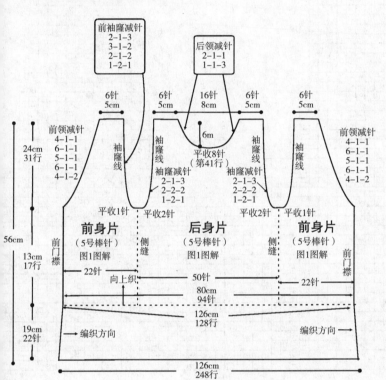

前袖窿减针
2-1-3
3-1-2
2-1-2
1-2-1

后领减针
2-1-1
1-1-3

6针
5cm

6针
5cm

16针
8cm

6针
5cm

6针
5cm

前领减针
4-1-1
6-1-1
5-1-1
6-1-1
4-1-2

24cm
31行

袖窿线

袖窿线

6m

平收8针
(第41行)

袖窿线

袖窿线

前领减针
4-1-1
6-1-1
5-1-1
6-1-1
4-1-2

袖窿减针
2-1-3
2-2-2
1-2-1

袖窿减针
2-1-3
2-2-2
1-2-1

平收1针   平收2针   平收2针   平收1针

56cm

前门襟

前身片
(5号棒针)
图1图解

侧缝

后身片
(5号棒针)
图1图解

侧缝

前身片
(5号棒针)
图1图解

前门襟

13cm
17行

22针   50针   22针

向上织   80cm
94针

126cm
128行

19cm
22针

编织方向   编织方向

126cm
248行

身片制作说明：

1. 下摆边为一片编织，起22针横向编织，外侧共织248行、内侧共织128行后，收针断线。编织详解见图解花样A。

2. 从衣摆边内侧沿边挑针起织，往上编织至肩部。

3. 挑织94针，分出前衣片每侧22针、后衣片50针后按花样B起织，织13cm高后，依次开始前身片袖窿、后身片袖窿减针，前袖窿减针方法为平收3针1-2-1，2-1-2，3-1-2，2-1-3，前身片袖窿的减少针数为9针，同样方法完成另一侧袖窿减针，再进行后身片袖窿减针，方法为1-2-1，2-2-2，2-1-3，后身片的袖窿减少针数为9针。减针后，不加减针往上编织至31cm的高度后，从织片的中间留8针不织，收针，两侧余下的针数，后领侧减针，方法为1-1-3，2-1-1，最后两侧的针数余下6针，收针断线。编织详解见图解花样B。

4. 将衣片对应肩部缝合，沿前门襟边、袖窿边分别钩织装饰边。钩织详解见图解花样C。

符号说明：

□ =上针

□ = $\boxed{1}$ =下针

$\boxtimes$ =右上2针并1针

$\boxtimes$ =右上1针交叉

2-1-3　　行-针-次

小球织法

$\bullet$ =

花样A

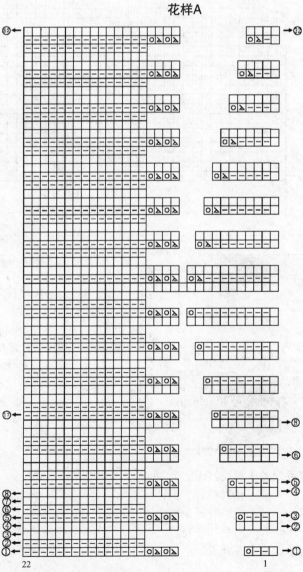

22

1

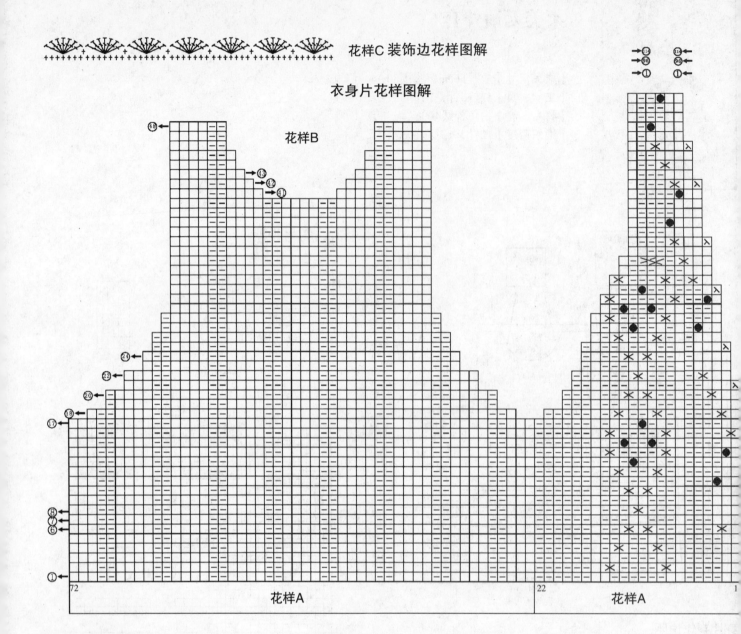

花样C 装饰边花样图解

衣身片花样图解

花样B

花样A

花样A

72

22

1

典雅时尚小披肩

【成品尺寸】总长71cm，宽36cm
【工　　具】10号棒针，钩针
【材　　料】茶色开司米线300g。
　　　　　　白色扣子1枚
【编织密度】26针×29行=10cm²

身片制作说明：

1. 身片为一片编织，从下摆起织，往上编织。

2. 起49针编织，从第2行开始加针编织，方法为：重复2次1-2-1、1-1-1、1-2-3，再重复19次1-2-1、1-1-1，1-2-3，织到第51行时不加针织13行，收针断线。花样的分布详解见图1。

3. 整体完成后沿边钩一行短针，第2行从衣边钩出20个花的装饰边。花样的分布详解见图2。最后在一侧前身片钉上扣子。

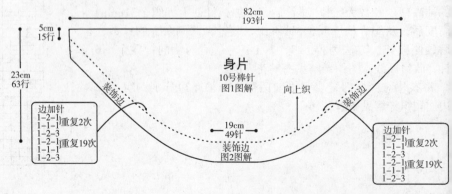

图1 身片花样图解

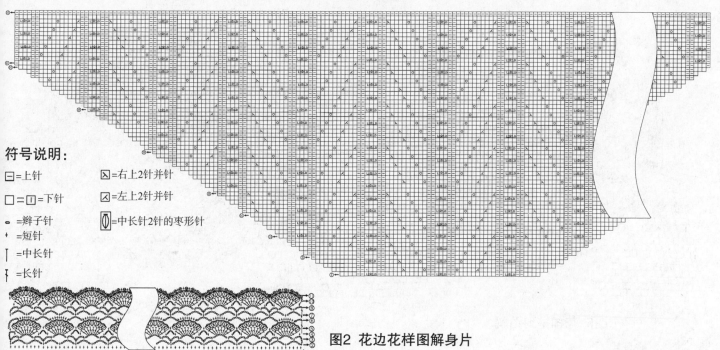

符号说明：

□ =上针
□=１ =下针
○ =辫子针
† =短针
∣ =中长针
† =长针

⊠ =右上2针并针
⊿ =左上2针并针
◎ =中长针2针的枣形针

图2 花边花样图解身片

起

大V领中袖钩织衫

【成品尺寸】中袖斜肩钩衣肩至衣摆长48cm，
胸围80cm，衣领至袖口长33cm
【工　　具】1.50mm钩针
【材　　料】4股浅紫色丝光棉200g

图3 花边花样图解

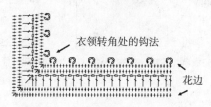

衣领转角处的钩法

花边

制作说明：

1. 钩针编织法，由两个大型菠萝单元花组成，前身片为不完整单元花，后身片为1个完整的单元花。

2. 如图5所示可以看出，整件衣服的组成结构，钩法顺序是，先钩出中间的单元花，然后再钩织2衣摆处的花样A，很简单，然后再钩织两块衣袖片，与图中的斜肩线缝合。

3. 首先钩织单元花，先钩织后身片的单元花，后身片的单元花为完整的花形，熟悉钩法后，再钩织前身片的不完整单元花，就很容易了。每个单元花是由12个菠萝花组成，整个形状似12条边的多边形，如图5。参照图1与图2。钩织好两个单元花后，依照图5中的BC与DE两角间，往返钩织花样A，最后将两侧缝缝合。完成衣身片，然后钩织两衣袖片，图解见图3。

4. 花边的钩织，下摆处的花边，沿着前后衣摆边，往下钩织图3花边花样，衣领的花边，在缝合完衣身后，沿着各衣领边钩织图3花边，要注意衣领转角处的钩法，最后是衣袖口边的花边，图解也是图3。很简单。

5. 最后要注意隐藏缝合后所留下的尾线。

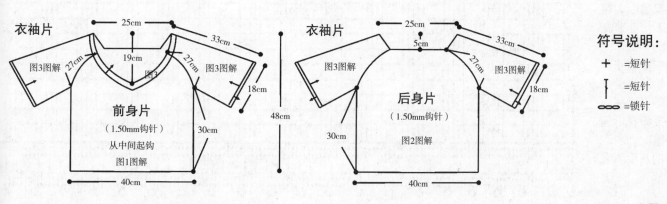

符号说明：

† =短针
∣ =短针
○○○ =锁针

图1 前身片花样图解　　　　　　　　　　　图2 后身片花样图解
　　　　　　　　　　　　　　　　　　　　　　　　后衣领

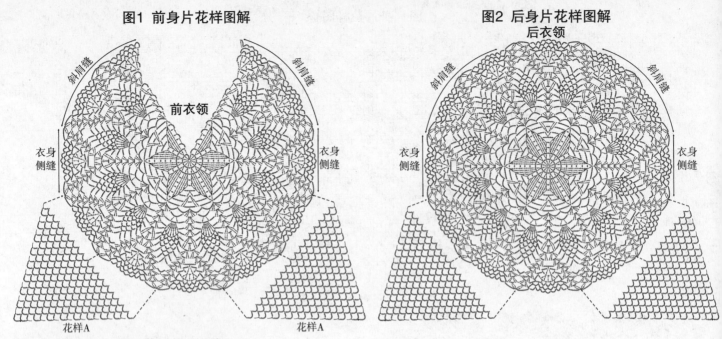

图5 花样排列图解

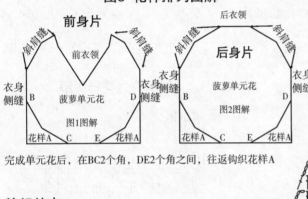

完成单元花后，在BC2个角，DE2个角之间，往返钩织花样A

图4 衣袖片花样图解

编织特点：

1. 非常经典的菠萝花钩衣，只需钩织两个单元花，简单大方。

2. 衣身只有1个单元花，而菠萝花的花形形成的孔较大，可以用中粗的线来钩织，不适合太细或太粗的线，太细的线形成的孔相对太大，整个衣身片显得薄，太粗就表现不出菠萝花的秀气。

3. 在钩织菠萝花部分时，锁针辫子的针数可适当增减，目的是要将花形钩得更平整。

4. 衣袖的长度不宜太长。

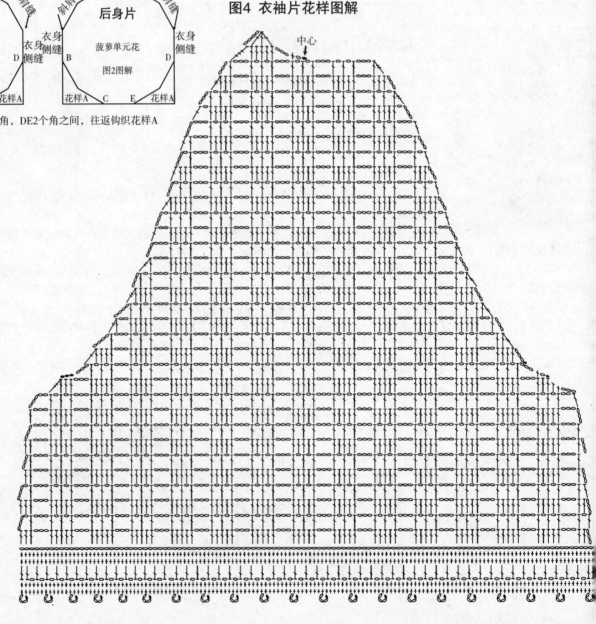

V领波浪边钩织衫

【成品尺寸】长款钩衣肩至衣
摆长76cm，胸围
82cm，袖长50cm
【工　　具】1.50mm钩针
【材　　料】4股浅灰色纯棉
线250g

制作说明：

1. 钩针编织法，全部衣身片由菠萝花形组成。

2. 衣身分为前身片和后身片，衣袖两片组成，前后衣身可以分片钩织，亦可圈钩，建议有一定基础的读者采用圈钩，这样就避免缝合侧缝时，形成的不对称，不和谐。

3. 以片钩的方法来讲解，一般先钩织后身片，而前身片的衣领就以后身片的肩部为参照。前后衣身片都是从肩部起钩，如图2。后身片，起锁针的长度为31cm，依照图解钩菠萝花。两侧同时加针，织成袖窿，然后依照图解钩织够长度，全长76cm，此时完成的后身片是没有后衣领的，是一字形领。

4. 前身片的钩织，起6cm长的锁针起钩菠萝花样，一侧加针形成袖窿，中间这侧加针形成前衣领边，如图1。钩好一侧前胸部织片，再同样起6cm长的锁针起钩菠萝花，两侧加针的方法与前一织片方向相反，当两片钩织同样高度时，拼成1片钩织，这部分的图解请依照图1来钩织，最后继续往下钩织菠萝花，长度为48cm。

5. 花样A与花样B的说明：这两织片用于形成后衣领，1个菠萝花的高度形成后衣领显得太高，所以采用对折的方法，将一半的高度分于前身片，花样A与花样B单元钩织，然后将这两织片分别缝合前后肩部位置。

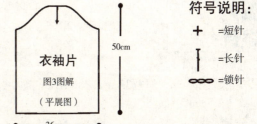

6. 衣袖片的钩织，分为左右两片单独钩织，片钩，再将侧缝缝合，并将袖山缝于衣身的袖窿上。衣袖片的钩织方向也是从肩部起钩的。

7. 最后要注意隐藏缝合后所留下的尾线。

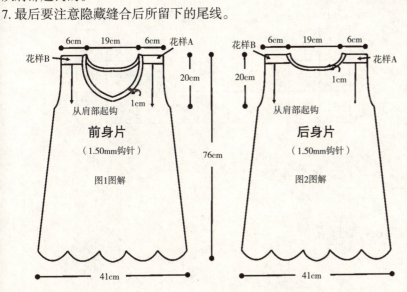

前身片
（1.50mm钩针）
图1图解

后身片
（1.50mm钩针）
图2图解

衣袖片
图3图解
（平展图）

符号说明：

十 ＝短针

┃ ＝长针

∞ ＝锁针

编织特点：

1. 非常经典的菠萝花钩衣，可分片钩织，亦可圈钩。

2. 袖窿的中心是花样A与花样B对折后的中心线。

3. 在钩织菠萝花部分时，锁针辫子的针数可适当增减，目的是要将花形钩得更平整。

4. 衣袖的长度不宜太长，所有的侧缝无加减针。

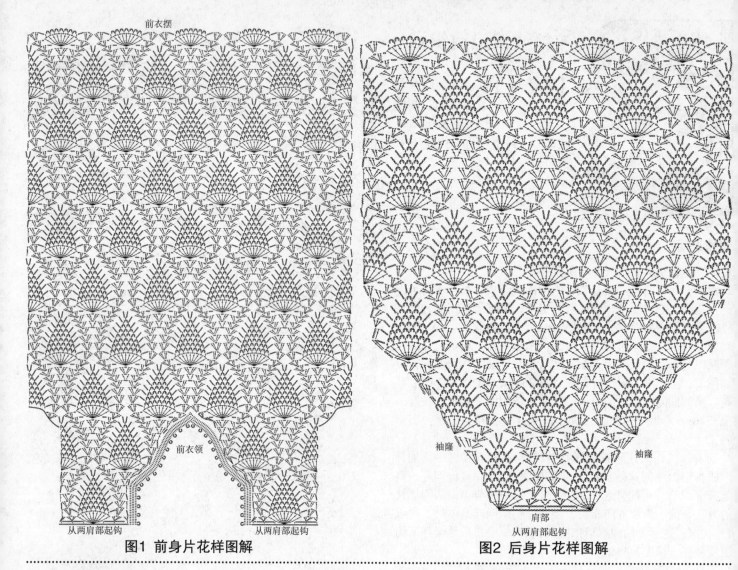

图1 前身片花样图解

图2 后身片花样图解

个性时尚吊带衫

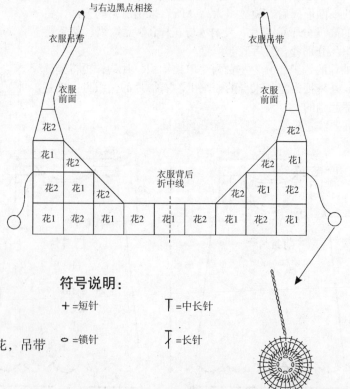

【成品尺寸】腰围64cm，肩宽37cm，衣长47cm

【工　　具】2.5mm钩针

【材　　料】棉线

制作说明：

1. 上衣需要钩花1和花2。

2. 按照衣服的结构图，参照衣服图样，花2需要钩4个半花，吊带连接处是两个花2的不完全花。

3. 钩衣服吊带，由长针组成，两边钩花边。

4. 钩前片2个装饰小球。

符号说明：

+ ＝短针　　　　　　T ＝中长针

○ ＝锁针　　　　　　T ＝长针

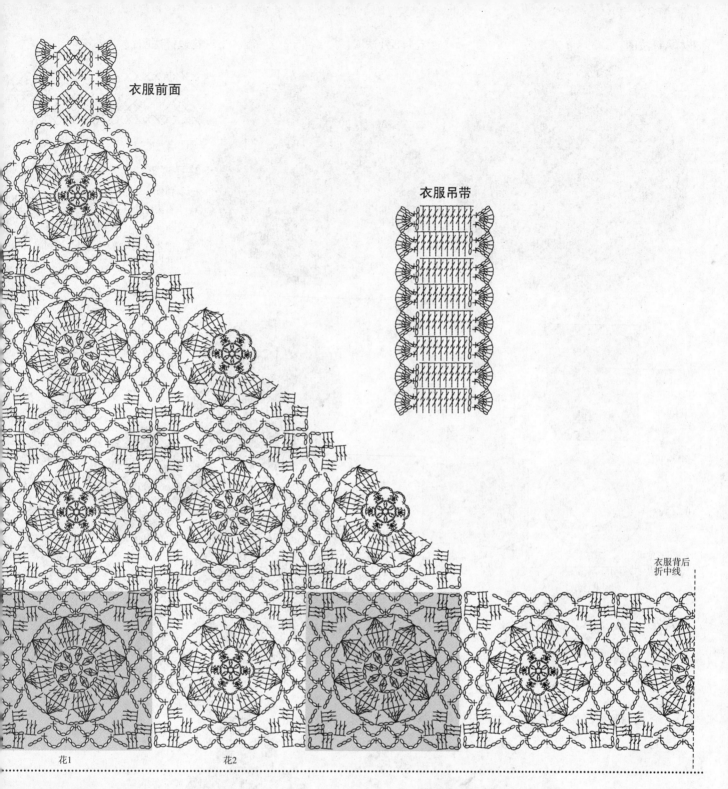

衣服前面

衣服吊带

衣服背后
折中线

花1　　　　　花2

淑女菊影长袖吊带衫

【成品尺寸】胸围92cm，衣长59cm，袖
　　　　　　长56cm
【工　　具】2.5mm棒针，2mm钩针1枚
【材　　料】米白色中细羊毛线380g
【编织密度】30针×40行=10cm²

制作说明：

1. 注意结构图上的不同颜色部分均与相同颜色的针法相对应。衣服由抵肩、前、后片及袖片组成。

2. 先织抵肩：按单元花样针法图钩织好各单元花样并拼织成1个圆形的抵肩。

3. 从抵肩外沿挑山348针往下织平针，每隔2行在4条斜肩线上各加2针，共加12次。在左右侧腋下各平收6针围成圆圈状，往下编织到16cm后开始在两侧每隔12行加1针往下摆方向织到衣长后平收针。袖子从抵肩对应位置上挑出96针，在腋下前、后各挑6针按往袖口方向织到24cm后换织单元花样，织到袖长为止。最后在衣领及下摆按花边针法图钩织花边。

花样A针法图：

花样B针法图：

花边针法图：

符号说明：

○ =锁针　　　　　⊤ =长针　　↑ =编织方向

● =引拔针

× =短针　　　　　⊖ =枣针（由2针长针组成）

♡ =狗牙针（先钩3针锁针，回到起点
　　处再钩1针引拔针）。

7cm

5cm

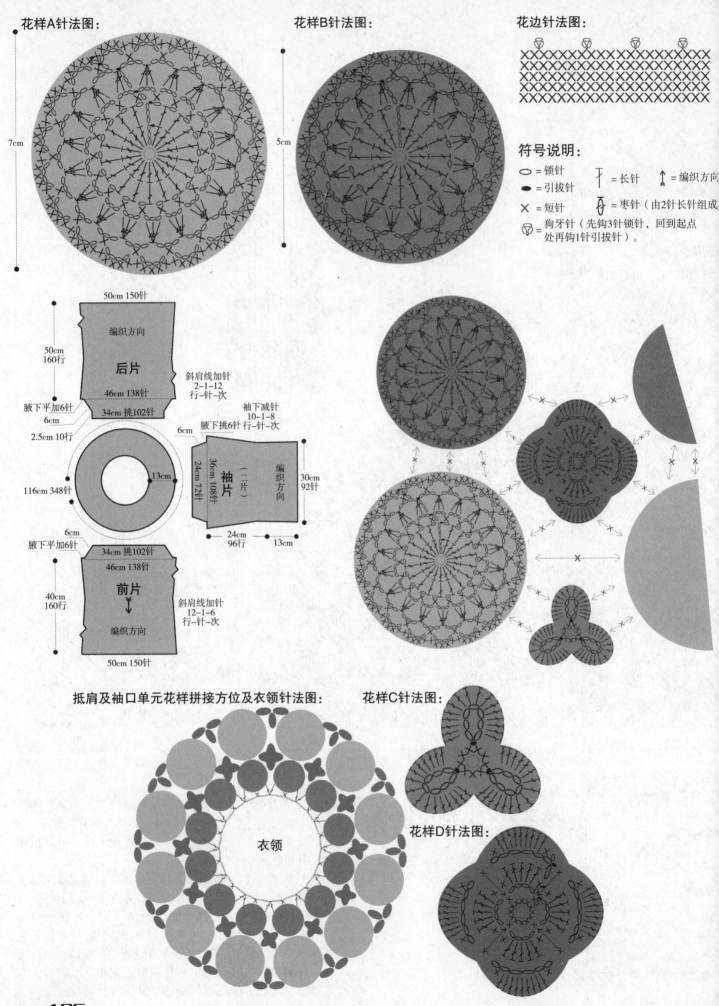

50cm 150针

编织方向

后片

50cm
160行

斜肩线加针
2-1-12
行-针-次

46cm 138针

34cm 挑102针

腋下平加6针
6cm

2.5cm 10行

袖下减针
10-1-8

腋下挑6针 行-针-次

6cm

36cm 108针
24cm 72针

袖片
（二片）

编织方向

30cm
92针

116cm 348针

13cm

24cm
96行

13cm

6cm

腋下平加6针

34cm 挑102针

46cm 138针

40cm
160行

前片

斜肩线加针
12-1-6
行-针-次

编织方向

50cm 150针

抵肩及袖口单元花样拼接方位及衣领针法图：

衣领

花样C针法图：

花样D针法图：

网格纹花边小外套

【成品尺寸】胸围84cm，长度40cm
【工　　具】1.0mm钩针
【材　　料】棉线100g

符号说明：

符号说明：

+ =短针　　　　　┬ =中长针

o =锁针　　　　　Ŧ =长针

袖子

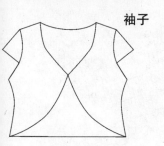

制作说明：

1. 按照衣服图样钩衣服，前片从侧面往门襟的方向钩，外围有5个半的扇形。

2. 后片先钩1针长针1针锁针，钩到下摆花边钩5个扇形。

3. 袖子钩3个扇形的花。

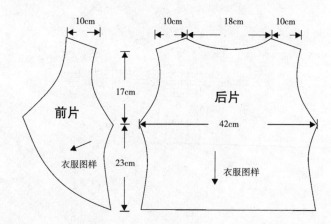

衣服图样

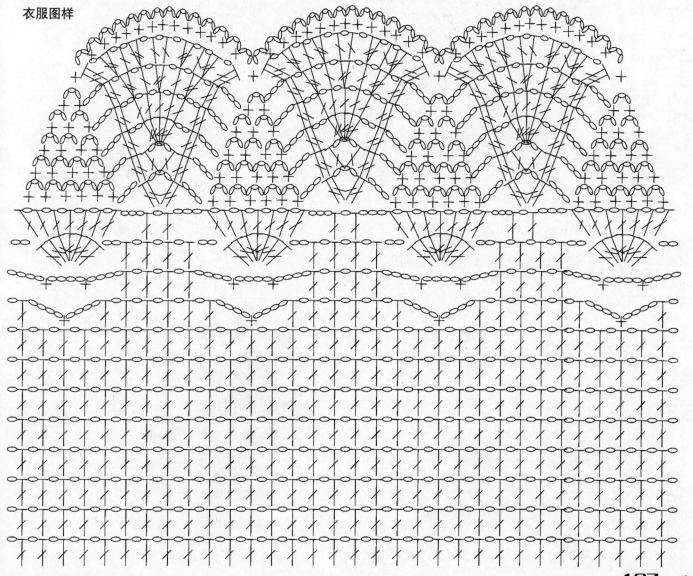

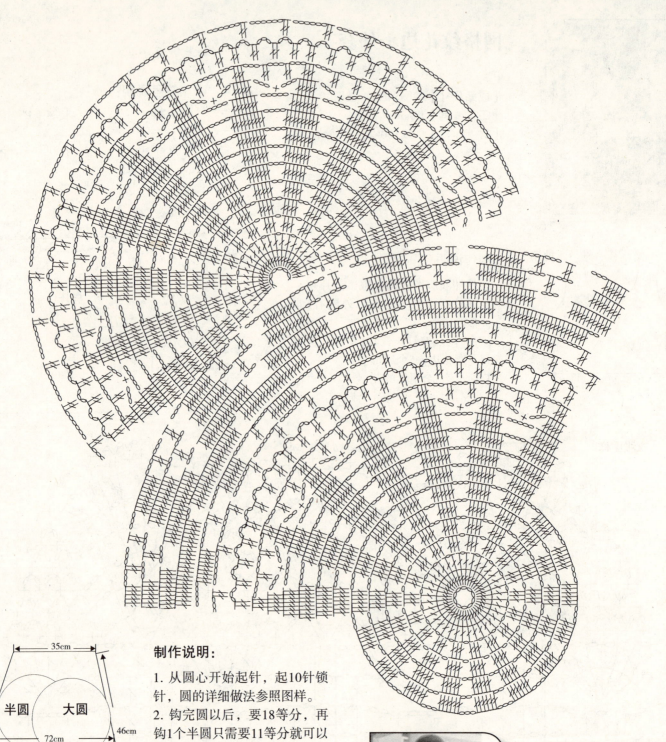

制作说明：

1. 从圆心开始起针，起10针锁针，圆的详细做法参照图样。

2. 钩完圆以后，要18等分，再钩1个半圆只需要11等分就可以了，最后的几行也不需要了。

3. 下摆花边，图解参照下摆花边图解。

35cm

半圆　大圆

72cm

46cm

14cm

下摆花边图解

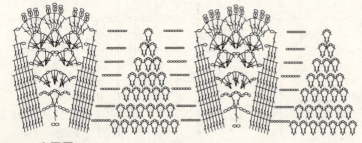

个性通花小披肩

符号说明：

+=短针　　　T=中长针

○=锁针　　　F=长针

【成品尺寸】长60cm，宽72cm，裙摆宽110cm

【工　　具】1.5mm钩针

【材　　料】天蚕丝220g

圆领开襟小外套

【成品尺寸】胸围84cm，衣长52cm
【工　　具】1.5mm钩针
【材　　料】丝麻300g。纽扣4枚

符号说明：

+ =短针　　　　T =中长针

○ =锁针　　　　F =长针

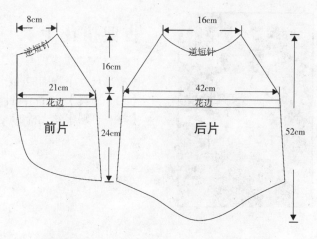

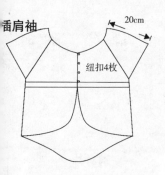

图样

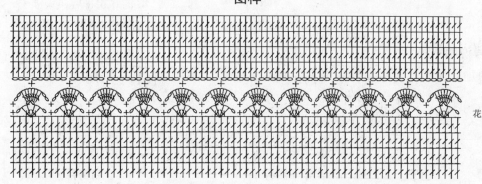

花边

制作说明：

. 如上图，先钩两个长度为
　0cm的袖子，袖子全部用长
　针组成。

. 按照结构图和图样，前片2
　片，从上往下钩，从领口到
　花边线都是钩长针，从花边
　到下摆也全部是长针组成。

. 后片从领口往下钩，跟前
　片钩法一样，后片是1片，在
　花边下面的第4行，中心参照
　后片中心图样钩。

. 最后在领口钩1行短针，最
　后1行钩逆短针图样。

后片中心图样

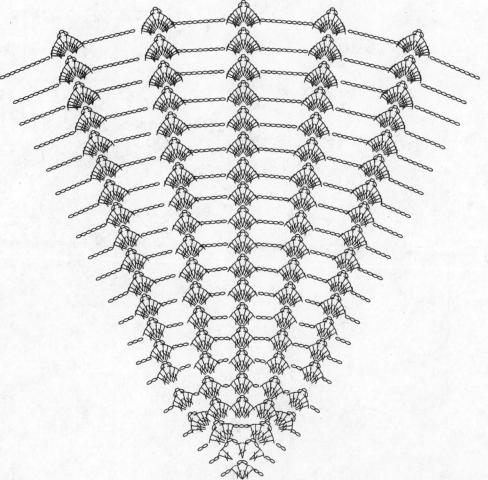

古典拼花上衣

【成品尺寸】胸围82cm，衣长55cm
【工　　具】1.2mm钩针
【材　　料】丝光棉200g。纽扣4枚

制作说明：

1. 上衣分为前片和后片2片，袖子由1个大花组成。
2. 参照前片图样，大圆表示大花，小圆表示小花。
3. 参照花图样，钩大花48个，大花由一线连钩成，钩法参照拼花图样，小花钩好后，在大花一线连的同时拼合上去。
4. 钩好衣身后，钩领子。
5. 在领子中间订4枚纽扣。

符号说明：

+ =短针　　　T =中长针

o =锁针　　　$\mathsf{\overline{T}}$ =长针

领子

四个扭扣

领子图样

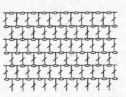

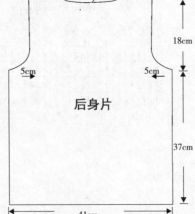

后身片

前身片

9cm　19cm　9cm
2cm
18cm
5cm　　5cm
37cm
41cm　　41cm

衣服图样

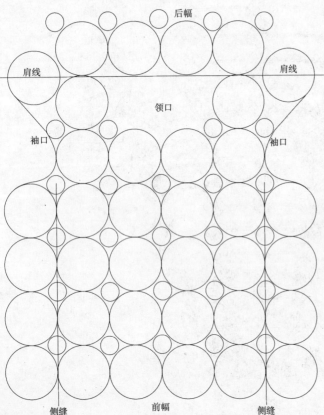

后幅

肩线　肩线
领口
袖口　袖口
侧缝　前幅　侧缝

拼花图样

小花图样

大花图样

花花拼接开襟衫

结构图

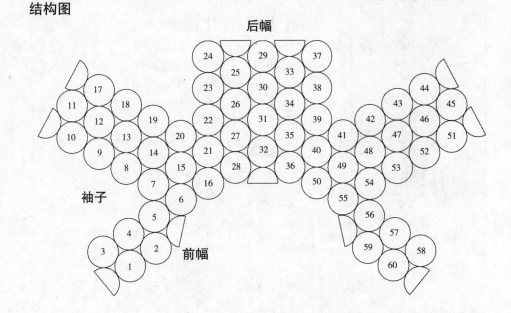

符号说明：

+ =短针　　　T =中长针

○ =锁针　　　f =长针

衣服图样

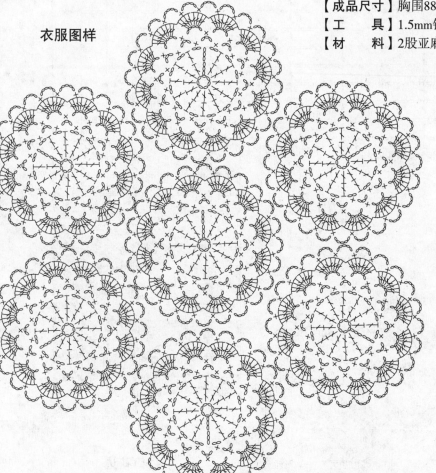

【成品尺寸】胸围88cm，长度48cm，袖长32cm
【工　　具】1.5mm钩针
【材　　料】2股亚麻350g

制作说明：

1. 按照结构图，钩全花60个，钩完衣服后补半花，袖子和腋下按下面的连接方法连，单花直径9cm。

2. 后片是4个半花的长度，5个花的宽度。

3. 袖子是3个花的宽度。

4. 前片是2个花的宽度，然后钩7行花边1。再钩扇子。

5. 袖子横着钩花边1。需要4行，再钩扇子。

花边1

花边2

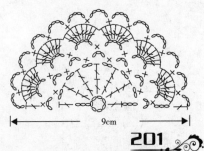

9cm

甜美中袖开襟衫

【成品尺寸】胸围86cm，衣长
　　　　　　49cm，袖长45cm
【工　　具】2.0mm钩针
【材　　料】兔毛400g

符号说明：

　+ =短针　　　　T =中长针

　○ =锁针　　　　T =长针

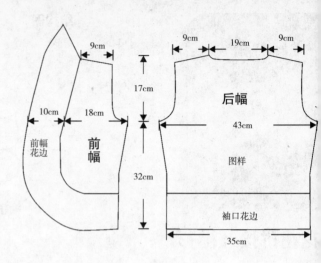

制作说明：

1. 上衣分为前片2片，后
片1片。
2. 按照图样，钩前片2片
和后片1片，袖子2片。
3. 先拼合侧缝和肩，然
后按照花边图样钩衣服
外围花边，袖口花边为
不加针花边，前片花边
需要加针。
4. 袖口花边不需要加
针。

图样

花边

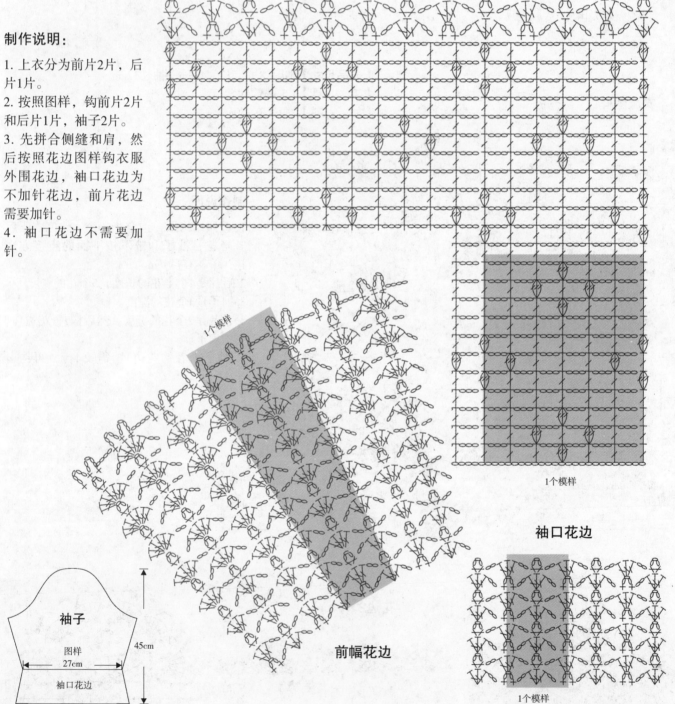

1个模样

1个模样

前幅花边

袖口花边

1个模样

袖子

图样
27cm

袖口花边

45cm

星星花纹短袖衣

【成品尺寸】胸围88cm，肩宽37cm，衣长54cm，袖长45cm
【工　　具】2.0mm钩针
【材　　料】棉线

符号说明：

+ =短针　　　　　Т =中长针

○ =锁针　　　　　Ŧ =长针

花边

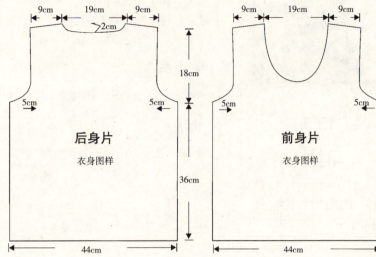

后身片
衣身图样

前身片
衣身图样

9cm　19cm　9cm　2cm　18cm　5cm　5cm　36cm　44cm

9cm　19cm　9cm　5cm　5cm　44cm

衣身图样

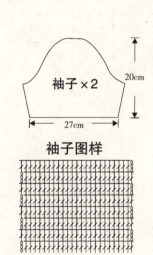

袖子×2
20cm
27cm

袖子图样

制作说明：

1. 上衣按照衣身图样从中间起针，起8针锁针，第2行钩18针短针，第3行每3针短针钩4针长针在一起，第4行，每6针锁针钩1针短针，第5行，每7针锁针钩1针短针，在每针短针上面钩1个凸编。

2. 从第6行开始，前片往上钩多9行，往下钩多22行。

3. 从第6行开始，前片往上钩多16行，往下钩多22行。

4. 袖子按照袖子图样钩，全部是长针。

5. 袖口，领口，下摆钩花边1行。

拼花高腰毛衣

【成品尺寸】胸围86cm，衣长
50cm
【工　　具】1.5mm钩针
【材　　料】冰丝线白色200g，
绿色200g

符号说明：

+ ＝短针　　　T ＝中长针

o ＝锁针　　　 ＝长针

叶子图样

后身片

前身片

花图样

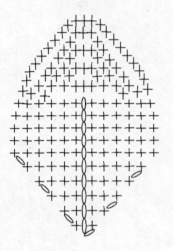

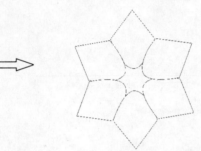

制作说明：

1. 上衣分为前片和后片
共2片。

2. 参照拼花图样，大圆
表示花，其他是叶子。

3. 花按照花图样钩白色
线，叶子按照叶子的图
样钩。

4. 领口袖口用白色线钩
花边1。

5. 按照花边2钩下摆花
边，下摆花边共14行，
最后1行钩白色。

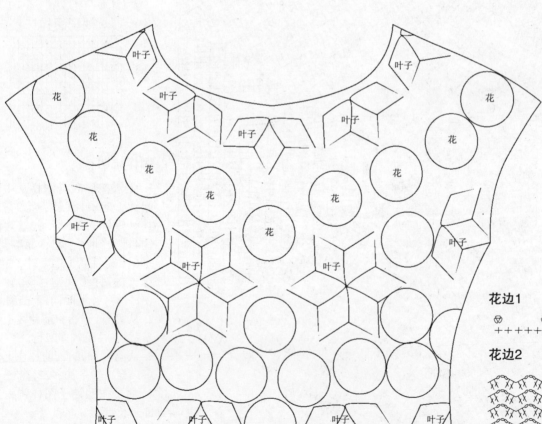

花边1

花边2

镂空连帽背心

【成品尺寸】胸围88cm，
　　　　　　衣长57cm
【工　　具】2.0mm钩针
【材　　料】3股黑色细羊
　　　　　　毛200g，2股
　　　　　　天丝线100g

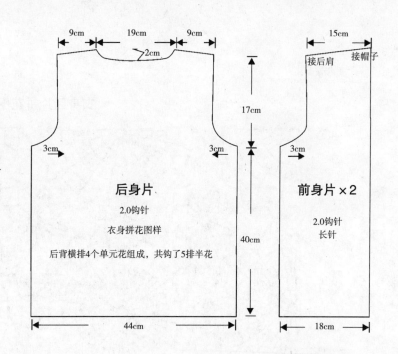

符号说明：

+ =短针　　　　T =中长针

o =锁针　　　　T =长针

制作说明：

1. 上衣前片两片为长针钩成，后片1片拼花，后背横排4个单元花组成，共钩了5排半花。

2. 按照花的钩法钩花，先拼3行花，每行花4个，拼花方法如拼花图样所示。

3. 第4行拼花，左边1个半花，右边1个半花，中间2个全花，做出袖弯位第5行花为半花。

4. 衣服前片两片为长针组成，先从下摆钩起，起18cm长度，钩40cm高度。

5. 前片袖弯处缩进3cm，再钩17cm高度。

6. 帽子由长针组成，先拼前后片，留出领子位置，然后在领口处钩长针，大约钩23cm的高度，最后把帽顶直线折中缝合。参照帽子图样。

花钩法（第1步到第6步）

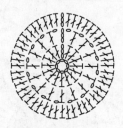

1.先起8针锁针钩1个圆心

2.围绕圆心，勾16针长针

3.第3行，钩1针锁针，1针长针，重复16次

4.在第3行的每针长针上钩1针长针，每针锁针上钩2针长针，重复16次

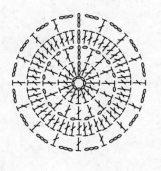

5.每隔2针长针钩3针锁针，1针长针，重复16次

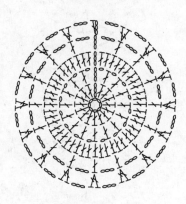

6.在第5行的一针长针上钩2针长针，再钩3针短针。重复16次

帽子图样

折中拼缝

接前幅　接后领窝　接前幅

折中拼缝

接前幅　接后领窝　接前幅

半花

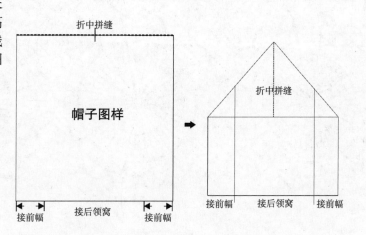

先起7针锁针钩一个圆心。第2行钩9针长针。第3行在每针长针中间多加1针短针。第4行，在每针长针上钩1针长针，每针短针上钩2针长针。第5行，间隔2针长针钩1针长针，3针短针。第6行，在1针长针上钩2针长针，3针短针。

可爱吊带钩织衫

【成品尺寸】胸围85cm，肩宽37cm，
　　　　　　衣长60cm
【工　　具】15号钩针
【材　　料】棉线，竹棉线

符号说明：

+ =短针　　　　　T =中长针

o =锁针　　　　　$\mathtt{\bar{+}}$ =长针

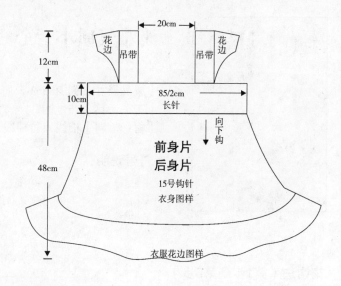

上衣的制作说明：

1. 上衣为吊带衣服。

2. 先钩胸口长针片，胸围
85cm，高度为10cm。

3. 按照衣身图样，围绕胸围
长针片1圈排48个单位的贝壳
形状　，第2行，在每个
　上面钩1针短针，2针锁
针，1针短针，2针锁针，1
针短针，2针锁针，1针短针
　　，然后重复第1行和第2
行18次。

4. 重复这18次以后，就要加
针了，目的是为了下摆有波
浪形状，在每个　上面
钩1针短针，4针锁针，1针
短针　，4针锁针，1针短
针。在4针锁针上面钩7针长
针　，然后重复这两行4
次。

5. 最后在　上面钩1针针
短针，5针锁针，1针短针，
4针锁针　，在5针锁针
上面钩9针长针。

6. 在胸口长针片上钩2条吊
带，钩完吊带后在侧边钩吊
带花边。

7. 最后钩衣服胸口的花边。

吊带×2

长度为12cm
宽度为4.5cm

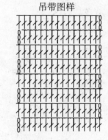

吊带图样

胸口长针片

吊带花边×2

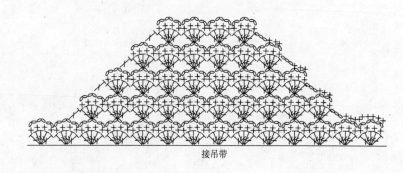

接吊带

长度为85厘米，高度为10厘米

衣身图样

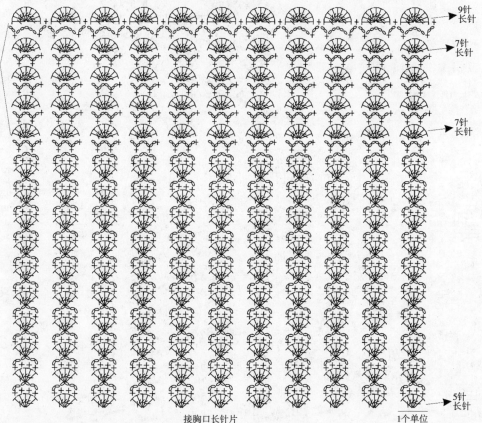

←9针
长针

←7针
长针

←7针
长针

下摆波浪花边

←5针
长针

1个单位

接胸口长针片

衣服胸口花边图样

淡雅气质小背心

【成品尺寸】胸围85cm，肩宽37cm，衣长60cm
【工　　具】15号钩针
【材　　料】棉线，竹棉线

符号说明：

+ =短针　　　　　T =中长针

○ =锁针　　　　　〒 =长针

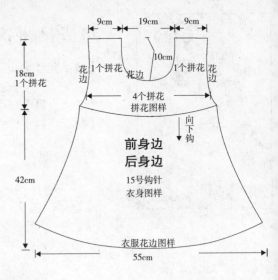

花钩法（第1步到第6步）

1.先起8针锁针
钩1个圆心

2.围绕圆心，勾
16针短针

3.第3行，钩1
针长针，3针锁
针，1针长针，
重复8次

4.在第3行的3针锁针上，钩1针
短针，1针中长针4针长针，1针
中长针，1针短针。重复8次

5.对应第4行的8个贝壳形状，钩
1针短针，6针锁针，重复8次。

6.对应第5行的6针锁针上面，钩1针短
针，1针中长针，64针长针，1针中长
针，1针短针重复8次

7.对应第6行的8个贝壳形状，钩1针短针，6
针锁针，1针短针，6针锁针，重复8次

领口拼花图样

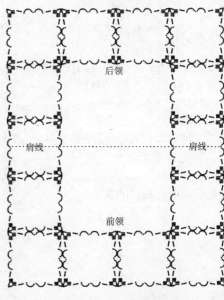

拼花图

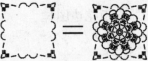

208

上衣的制作说明：

1. 上衣由两部分组成，上部分为拼花，总共需要钩14个花，钩花方法参照步骤第1到第7步。

2. 钩完14个花后拼花，拼花方法如拼花图样所示，这样就完成了衣服上部分。

3. 围绕领口8个拼花，钩衣服下半身，第1行钩7行长针，3针锁针，重复26次。

4. 第2行在第1行的7针长针上面钩7针长针，在3针锁针里面钩3针长针，重复26次。

5. 第3行到第6行，重复第1和第2行的做法。第8行开始，在3针锁针里面钩3针长针改为4针长针直到第34行，在3针锁针里面钩4针长针改为5针长针。

6. 从第9行开始，7针长针头尾加1针长针，变为9针长针，直到第16行。

7. 从第17行开始，9针长针头尾加1针长针，变为11针长针，直到第28行。

8. 从第29行开始，11针长针头尾加1针长针，变为13针长针，直到第32行。

9. 从第33行开始，13针长针头尾加1针长针，变为15针长针，直到第35行。

10. 按照衣服花边图样钩衣服下摆、领口、袖口的花边。

衣服花边图样

衣身图样

衣服下摆

接衣服领口拼花片（围绕衣服领口拼花片钩26个单位）

1个单位

圆领可爱钩织衫

【成品尺寸】胸围85cm，肩宽37cm，衣长60cm
【工　　具】15号钩针
【材　　料】棉线，竹棉线

符号说明：

+ =短针　　　　┰ =中长针

o =锁针　　　　┲ =长针

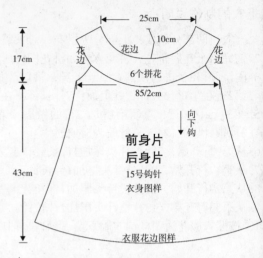

下摆花边图样

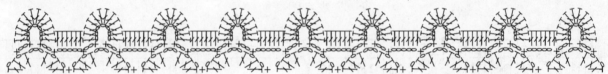

衣服领口花边

领口绳子

花钩法(第1步到第4步)

1.先起8针锁针钩1个圆心。

2.围绕圆心，勾1针短针，3针锁针，1针长针针3针锁针。重复6次。

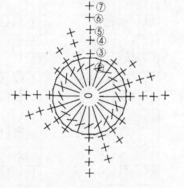

3.在第2行的1针长针上勾1针短针，4针锁针重复6次。

4.钩1针短针，6针锁针，1针短针12针锁针，重复6次。

衣身图样

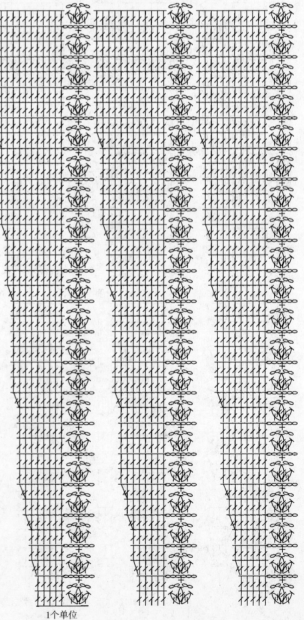

1个单位

上衣的制作说明：

1. 上衣由两部分组成，上部分为拼花，总共需要钩12个花，钩花方法参照步骤第1到第4步。

2. 钩完12个花后拼花，拼花方法如领子图样所示，拼成1个圆圈。

3. 围绕领口12个拼花，钩衣服下半身，第1行钩5针长针，2针长针在一起，2针锁针，再2针长针在一起，2针锁针，2针长针在一起。重复20次。

4. 从第3行到第5行，在5针长针上增加1针钩6针长针，2针长针在一起，2针锁针，再2针长针在一起，2针锁针，2针长针在一起。重复20次。

5. 从第6行到第7行，在6针长针上增加1针钩7针长针，2针长针在一起，2针锁针，再2针长针在一起，2针锁针，2针长针在一起。重复20次。

6. 从第8行到第13行，在7针长针上增加1针钩8针长针，2针长针在一起，2针锁针，再2针长针在一起，2针锁针，2针长针在一起。重复20次。

7. 从第14行到第20行，在8针长针上增加1针钩9针长针，2针长针在一起，2针锁针，再2针长针在一起，2针锁针，2针长针在一起。重复20次。

8. 从第21行到第24行，在9针长针上增加1针钩10针长针，2针长针在一起，2针锁针，再2针长针在一起，2针锁针，2针长针在一起。重复20次。

9. 从第25行到第30行，在10针长针上增加1针钩11针长针，2针长针在一起，2针锁针，再2针长针在一起，2针锁针，2针长针在一起。重复20次。

10. 从第31行到第39行，在11针长针上增加1针钩12针长针，2针长针在一起，2针锁针，再2针长针在一起，2针锁针，2针长针在一起。重复20次。

11. 按照衣服花边图样钩衣服下摆、领口、袖口的花边，领口穿绳子。

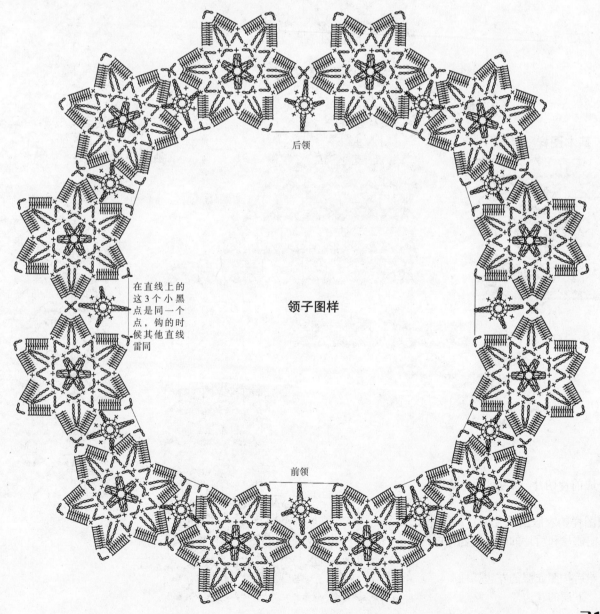

后领

在直线上的这3个小黑点是同一个点，钩的时候其他直线雷同

领子图样

前领

深V领长袖外套

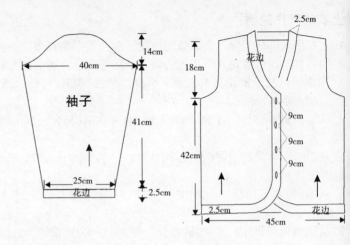

【成品尺寸】参考尺寸图
【工　　具】1.25mm钩针
【材　　料】625g丝光棉

符号说明：

+ =短针　　　T =中长针

○ =锁针　　　 =长针

花边

后领口　肩线

基本图样

后幅

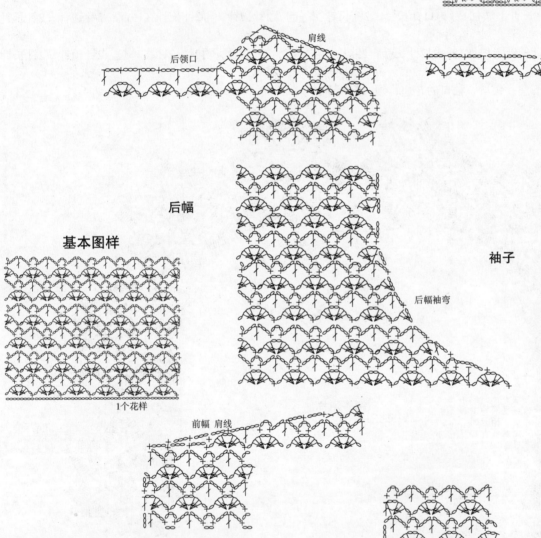

1个花样

后幅袖弯

袖子

袖弯

前幅　肩线

前幅袖弯

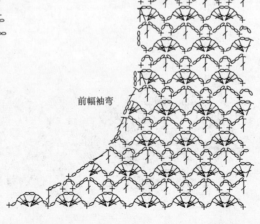

制作说明：

1. 衣服分成前片两片，后片1片，袖子两个。

2. 先按照图样钩衣服的前片两片，后片1片，然后把前片和后片的侧缝拼合，再钩2个袖子。

3. 上袖，然后按照衣服的花边钩袖口、领口、门襟、下摆的花边。

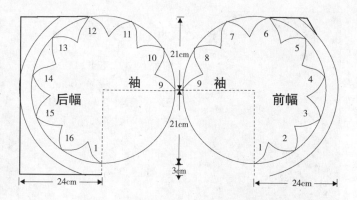

菠萝花中袖钩织衫

【成品尺寸】 参考尺寸图，2个圆，
　　　　　　圆的半径22cm
【工　　具】 2.0mm钩针
【材　　料】 42丝光棉

符号说明：

+ =短针　　　丅 =中长针

○ =锁针　　　Ŧ =长针

制作说明：

1. 按照菠萝花样，钩第1到第16个菠萝花。
2. 钩完菠萝花样后，衣服拼合的地方用鱼网针相接。
3. 袖子用渔网针延伸。
4. 衣服外围和袖口钩花边。

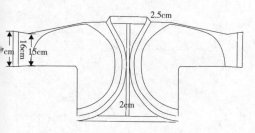

后中线

花边

菠萝花样

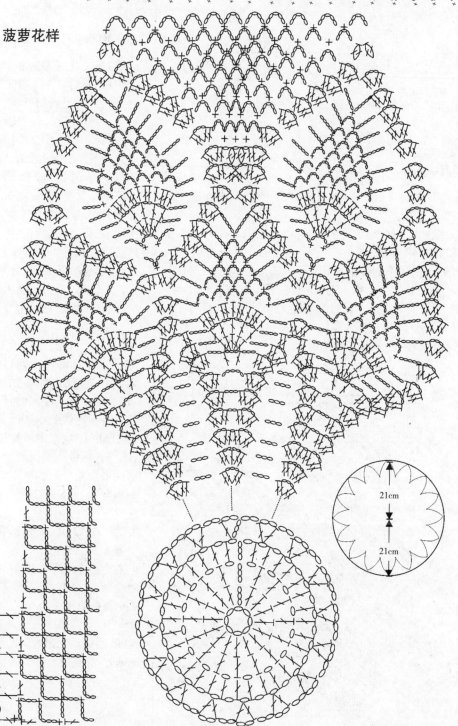

气质镂空钩织衫

【成品尺寸】衣长50cm，
　　　　　　衣宽100cm
【工　　具】2.0mm号钩针
【材　　料】42普通毛线

符号说明：

+ =短针　　　T =中长针

o =锁针　　　f =长针

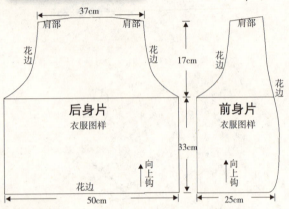

制作说明：

1. 从下摆开始，按照图样钩出一个长100cm，宽33mm的长方形。

2. 把100cm的长度分为25cm，50cm，25cm，前25cm和后25cm为前片，往上钩，前8cm在袖子弯位缩减5cm，然后不加针不减针直到肩的部位。把长方形中间50cm延长往上钩，前8cm在袖子弯位缩减5cm，然后不加针不减针直到肩的部位。拼合前肩和后肩。

3. 2个袖口和衣服外围钩衣服花边，花边先钩4行短针，每4针短针钩1个 。

花边

衣服图样

符号说明：

+ =短针　　　T =中长针

o =锁针　　　f =长针

时尚毛线袜套

【成品尺寸】长度35cm，宽度15cm
【工　　具】钩针2.0mm
【材　　料】毛线200g

制作说明：

1. 第1行，先起72针锁针，头尾相接成1个圆圈。第2行，每隔2个锁针钩1针长针，1针锁针，1针长针，重复24次。第3行，在1针锁针上，钩1针长针，1针锁针，1针长针。重复3次。钩3针锁针，钩1针长针，1针锁针，1针长针，3针锁针。前面做法重复4次。第4行，1针长针，1针锁针，1针长针。重复3次。再钩1针锁针，每隔1针长针钩1针锁针，重复4次，再钩1针锁针。前面做法重复4次。第5行，钩1针长针，1针锁针，1针长针，重复3次。钩3针锁针，1针短针，3针锁针，1针短针，3针锁针。前面做法重复4次。第6行，钩1针长针，1针锁针，1针长针。重复3次，每隔1针长针钩1针锁针，重复6次前面做法重复4次。第7行，钩1针长针，1针锁针，1针长针。重复3次。钩4针锁针，1针短针，4针锁针。前面做法重复4次。

2. 重复第2行到第7行的做法5次。

3. 每3个 钩7个长针在一起，总共钩8个。

4. 在起针的位置，72针锁针上面，每9针长针，钩7针长针在一起，总共8个。

5. 最后钩1条锁针，大约50cm，穿在第2行上。

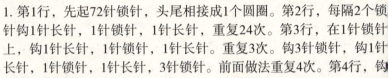

吊带钩针背心

【成品尺寸】胸围88cm，肩宽
　　　　　　37cm，衣长70cm
【工　　具】3.0mm钩针
【材　　料】棉线

符号说明：

+ =短针　　　　　T =中长针

o =锁针　　　　　T̄ =长针

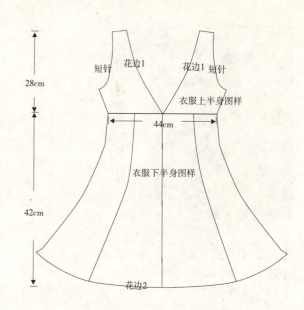

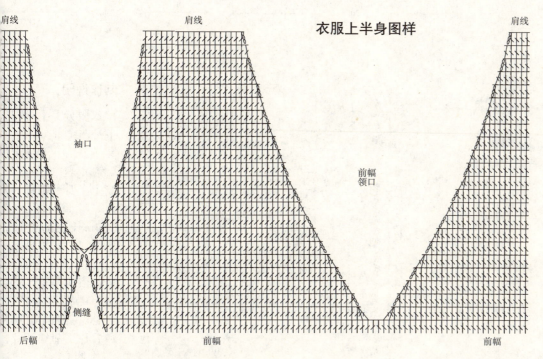

衣服上半身图样

肩线　　　　肩线　　　　　　　肩线

袖口

前幅
领口

侧缝

后幅　　　　前幅　　　　　前幅

制作说明：

1. V领无袖上衣由上半身
和下半身组成。

2. 先钩上半身，上半身总
共23行，按照衣服上半
身图样钩前片2片和后片
2片，然后拼接肩线和侧
缝。

3. 钩下半身，围绕上半身
分8个等份，每个等份加
针按照下半身图样所示，
下半身总共54行。

4. 按照花边1钩衣服领口和
后片领口的花边，每边领
口钩12个贝壳状。

5. 按照花边2钩衣服下摆花
边。

衣服下半身图样

下摆

衣服下半身，前后共8片，前片4片，后片4片。每片钩25针长针，从第
1行至第7行头尾加1针，第2次加针，钩到6行头尾加1针，第3次加针钩
完5行头尾加1针，第4次加针，钩完4行头尾加1针，依次类推。

花边1

花边2

接上半身

气质高腰线长裙

【成品尺寸】胸围88cm，衣长83cm
【工　　具】2.5mm钩针
【材　　料】棉线

符号说明：

+ =短针　　　　　Ŧ =中长针

○ =锁针　　　　　Ŧ =长针

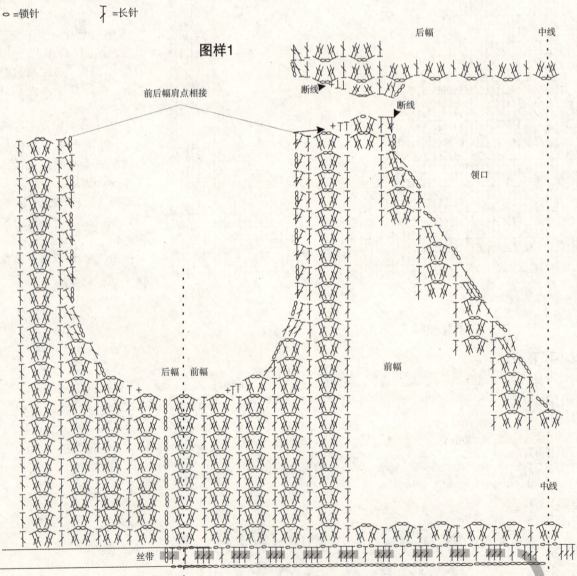

图样1

领口袖口花边

制作说明：

1. 衣服分上半身和下半身两个部分，上半身往上钩，下半身往下钩。

2. 上半身起锁针开始钩，参照图样1。起88cm长度的锁针，先钩加图案参见原图1，这6针对应6针锁针，依次重复，然后参照图样再钩8行，然后对折两半分前片和后片，前幅两片，每片钩15行，加减针参照图样1。后片一片，加减针参照图样1。

3. 钩衣服下半身，加针方法参照图样2。

4. 钩衣服的袖口和领口的花边。

后片　图样1　44cm　50cm　31cm　6.5cm　18cm　6.5cm　图样2　70cm

前片　图样1　44cm　50cm　16cm　6.5cm　18cm　6.5cm　图样2　70cm

15cm　10cm　58cm

淡雅吊带钩织裙

【成品尺寸】胸围88cm，肩宽37cm
【工　　具】1.5mm钩针
【材　　料】棉线

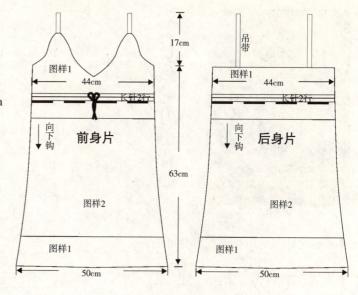

符号说明：

+ ＝短针　　　　　┬＝中长针

⌒＝锁针　　　　　丮＝长针

制作说明：

1．上衣从领口往下钩。前片从最上端到领口尖位置钩4行扇子花样，每行钩4个扇子花样。后片不钩。

2．前片后片一起再钩行扇子，总共8行，参照图样1。

3．钩2行长针后，再钩2行扇子，总共8行。

4．按照图样2钩胸围下面到下摆部分，钩行4方花。

5．按照图样1钩衣服下摆部分，钩4行扇子，总共16行。

6．钩1条锁针穿在第3步骤的第1行扇子中间。

图样1

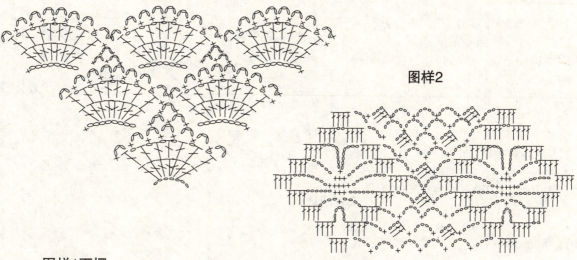

图样2

图样1下摆

吊带

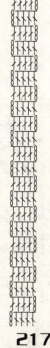

领口花边图样

217

大U领魅力小背心

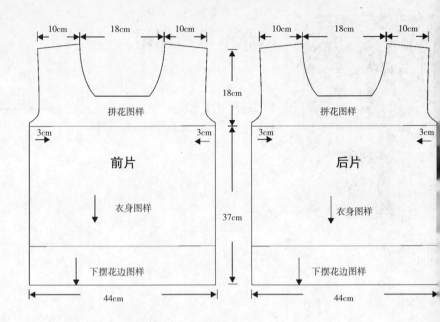

【成品尺寸】胸围88cm，肩宽38cm，
　　　　　衣长55cm
【工　　具】1.5mm钩针
【材　　料】丝光棉线200g

制作说明：

1. 上衣分为3个部分，第1部分为拼花部分，参照领子图样，一共需要钩18个花，然后拼花，这样前领后领都有了。

2. 钩完领子，向下钩衣身，按照衣身图样，需要钩22行。

3. 钩衣服下摆，总共钩5行扇子，前后片一起每行24个扇子。

4. 钩衣服袖口，一共3行扇子，第1行9个扇子，第2行7个扇子，第3行5个扇子。

符号说明：

＋＝短针　　　　　丅＝中长针

ο＝锁针　　　　　 ＝长针

拼花图样

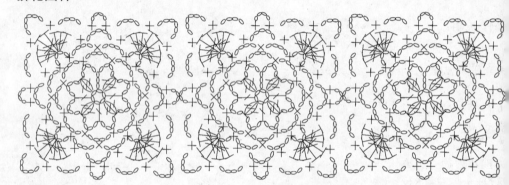

衣身图样

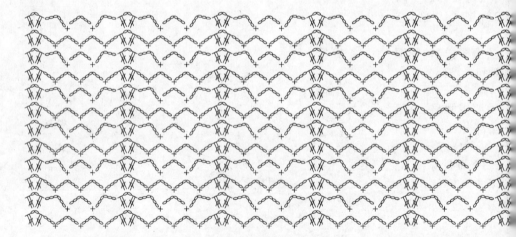

领子

下摆花边图样

菠萝花短袖小外套

【成品尺寸】胸围90cm，肩宽38cm，
　　　　　衣长50cm，袖长28cm

【工　　具】2.0mm钩针

【材　　料】棉线

符号说明：

+ =短针　　　　　T =中长针

o =短针　　　　　T =长针

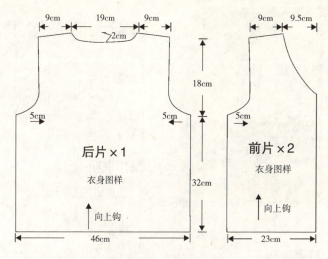

9cm　19cm　9cm　　　　　9cm　9.5cm

2cm

18cm

5cm　　　　　　5cm　　　　5cm

后片×1　　　　　　前片×2

衣身图样　　　　　　衣身图样

↑向上钩　　　　　　↑向上钩

32cm

46cm　　　　　　　23cm

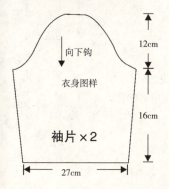

12cm

↓向下钩

衣身图样

袖片×2

16cm

27cm

花边图样

制作说明：

1. 上衣分为前片2片，后片1片，袖子2个。

2. 前片和后片按照衣身图样，从下摆起针，尺寸参照结构图。

3. 袖子从袖山起针钩到袖口，尺寸参照结构图。

4. 按照花边图样钩下摆、袖口、领口和门襟钩6行长针。

衣身图样

清新大圆领钩织衫

【成品尺寸】胸围88cm，肩宽37cm，
　　　　　　衣长60cm
【工　　具】2.0mm钩针
【材　　料】棉线

制作说明：

1. 上衣由两部分组成，从领口到胸口为1个整体部分，逐渐加针，从胸口到下摆为1个整体部分，不加减针。
2. 先钩单元花，然后按照拼花图样拼花，总共需要6条花，从领口算起，第1条花24个，第2条花34个，第3条花46个，第4、5、6条花都是26个花。
3. 按照衣服的基本图样，从胸口起针，先钩46个花，在袖口下缺角的地方补3角使成1直线，3角处补2针长针，2针锁针。两边留下10个花的距离作为袖口，然后钩到领口，后片领口增加1行拼5个花。
4. 从下摆到胸口钩3条花，每条拼花26个，不加减针。

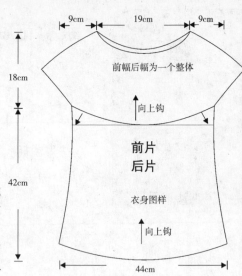

符号说明：

+ ＝短针　　　　丅＝中长针

o ＝锁针　　　　丮＝长针

单元花

拼花图样

衣身基本图样

金鱼纹无袖钩织衫

符号说明：

+ =短针　　　　T =中长针

o =锁针　　　　干 =长针

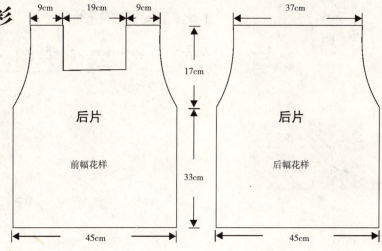

【成品尺寸】胸围90cm，肩宽37cm，衣长50cm

【工　　具】2.0mm钩针

【材　　料】棉线

后片花样

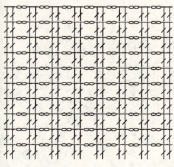

制作说明：

1. 上衣从前片开始钩，起6针锁针为花的心，然后钩8针短针，第3行钩2针长针在一起，中间间隔1针锁针，重复8次，按照前片图样钩完花样。

2. 延伸出前领口部分，按照后片图样钩8行。

3. 按照后片尺寸图样钩后片1片，从下摆钩起，从下摆到袖子钩21行，袖子到领子是10行图样。

前片花样

拼花高腰钩织衫

【成品尺寸】胸围88cm，长度55cm
【工　　具】1.5mm钩针
【材　　料】棉线250g

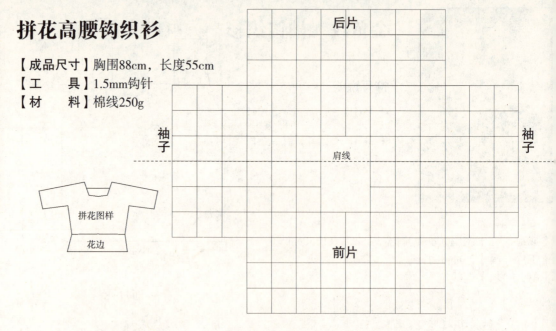

符号说明：

+ =短针　　　　　T =中长针

o =锁针　　　　　T =长针

制作说明：

1. 按照衣服的结构图，参照拼花图样拼花，衣服需要126个花，前片前领缺口4个，后片后领缺口2个。

2. 钩完衣服后，钩下摆花边，下摆花边总共15行，最后2行是长针，稍微有点波浪效果。

拼花图样

花边

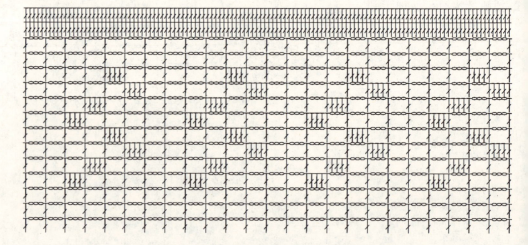

淡雅镂空短袖衫

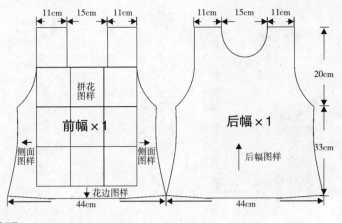

符号说明：

+ =短针　　　　　T =中长针

o =锁针　　　　　$\overline{\underline{T}}$ =长针

【成品尺寸】胸围88cm，肩宽38cm，衣长53cm
【工　　具】2.5mm钩针
【材　　料】棉线50g

制作说明：

1. 上衣分为前片和后片两部分。

2. 先钩前片，一共需要11个单元花，然后拼花，见拼花图样，拼完11个花后钩前片两边侧面。

3. 后片按照图样钩，从下摆到袖子20行，从袖子到肩是18行。

4. 按照下摆花边图样钩花边。

5. 领口和袖口再钩1行锁针，每5针锁针钩1针短针，依次重复。

拼花图样

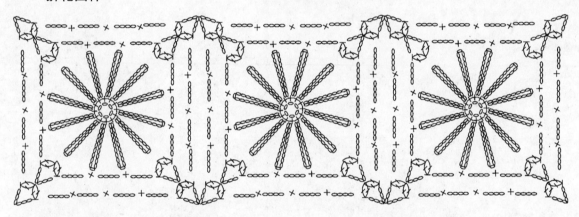

后片图样

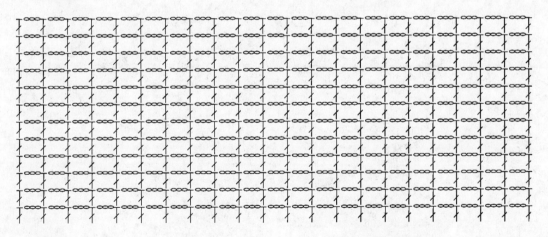

下摆花边图样

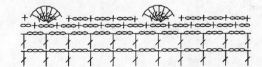

前片侧面渔网针

素雅拼花无袖衫

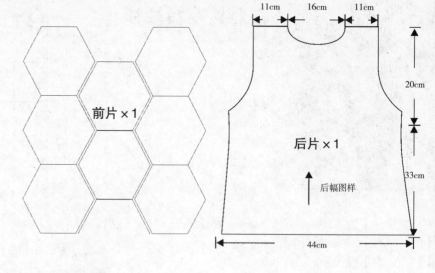

前片×1

11cm 16cm 11cm

后片×1

后幅图样

20cm

33cm

44cm

【成品尺寸】胸围88cm，肩宽38cm，衣长53cm
【工　　具】2.5mm钩针
【材　　料】棉线50g

符号说明：

+ =短针　　　　　T =中长针

○ =锁针　　　　　T =长针

后片图样

前片

制作说明：

1. 上衣分为前片和后片两部分。

2. 先钩前片，一共需要8个单元花，1个半花，然后拼花，见拼花图样。

3. 后片按照图样钩，全部钩渔网针，在最下摆1行钩花边，参照后片图样。

4. 在袖口和领口钩1行3针锁针，1针短针，依次重复。

艳丽中袖开襟衫

【成品尺寸】胸围90cm，肩宽38cm，
衣长50cm，袖长35cm
【工　　具】2.0mm钩针
【材　　料】棉线

符号说明：

+ =短针　　　　　T =中长针

o =锁针　　　　　T =长针

下摆
花边

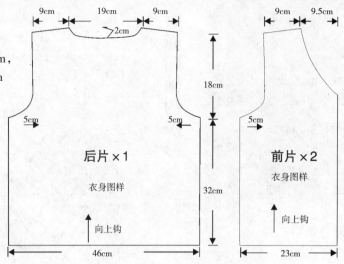

后片×1
衣身图样
向上钩

前片×2
衣身图样
向上钩

制作说明：

1. 上衣分为前片2片，后片1片，袖子2个。

2. 前片和后片按照衣身图样，从下摆起针，尺寸参照结构图。

3. 袖子为6分袖，从袖山起针钩到袖口，尺寸参照结构图。

4. 按照下摆花边钩下摆，领口和门襟钩4行短针。

5. 按照袖口图样钩袖口。

衣身图样

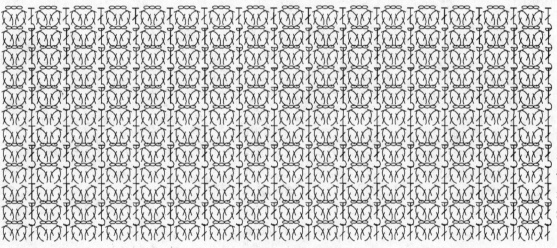

袖口图样

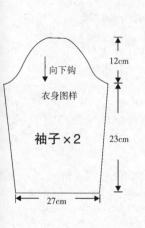

向下钩
衣身图样
袖子×2

第5行的长针在第4行的黑点上面，所以第4行在第5行的上面

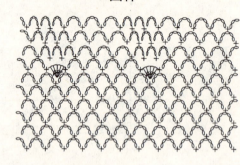

时尚圆领钩织衫

【成品尺寸】胸围90cm，肩宽19cm，
　　　　　　衣长55cm
【工　　具】2.0mm钩针
【材　　料】棉线

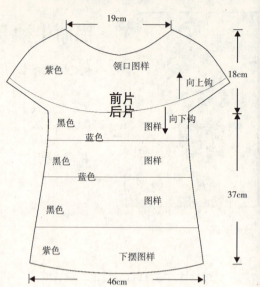

符号说明：

+ =短针　　　　Ｔ=中长针

o =锁针　　　　Ｆ=长针

制作说明：

1. 按照领口图样，从领口处起钩，起12个菠萝图样。

2. 按照渔网针图样向下钩，每10行加针1次，从第1到第12行钩黑色线，第13、14行钩蓝色线，第15到第21行钩黑色线，第22、23行钩蓝色线，第24到第38行钩黑色线。

3. 按照下摆图样钩下摆。

4. 钩衣服领口下摆花边。

图样

领口图样

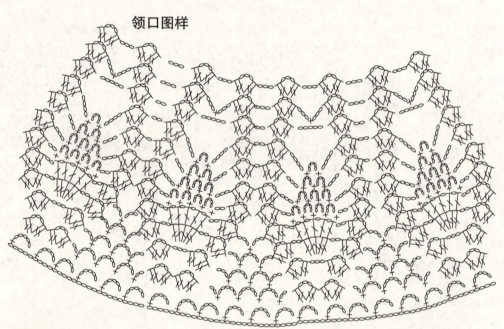

下摆图样

花边图样

怀旧典雅小背心

符号说明：

+ =短针　　　　　Ŧ =中长针

o =锁针　　　　　Ŧ =长针

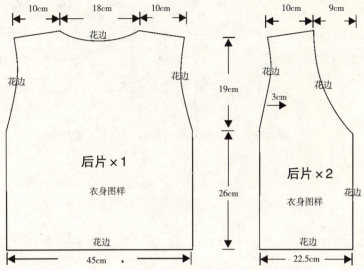

后片×1

衣身图样

后片×2

衣身图样

【成品尺寸】胸围90cm，肩宽38cm，衣长45cm

【工　　具】2.0mm钩针

【材　　料】棉线

制作说明：

1. 如右图，衣服从下摆钩起，按照衣身图样先钩1个长方形，即袖子下面部分，前片和后片一起钩。

2. 把长方形分为4等份，中间2等份为后片，左右各1等份为前片2片，然后先延伸前片2等份到肩部，袖子缩进2cm，领口缩减到肩部1半的距离，剩下部分不加不减针。

3. 把中间两部分延伸到后片，袖子部分缩进2cm，后领比肩部低2cm。

4. 花边，下摆钩14行短针，袖口、领子和门襟部分钩8行短针。

衣身图样

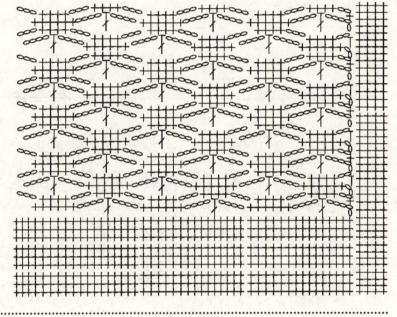

菠萝纹特色长裙

【成品尺寸】胸围88cm，肩宽38cm，衣长70cm

【工　　具】2.0mm钩针

【材　　料】棉线

制作说明：

1. 参照衣服的结构图，衣服都是折线组成。

2. 领弯处钩20行，从领口到腰线钩22行，这部分都是红色从腰线到下摆，2行蓝色，2行红色，重复12次，最后4行都是蓝色。

3. 袖子从袖山到袖口，1半全是红色，最后12行，2行红色，2行蓝色。

4. 领口钩4行短针，1行蓝色，1行红色间隔。

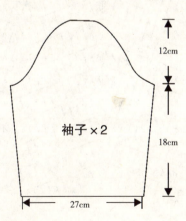

袖子×2

符号说明：

+ =短针　　　　　Ŧ =中长针

o =锁针　　　　　Ŧ =长针

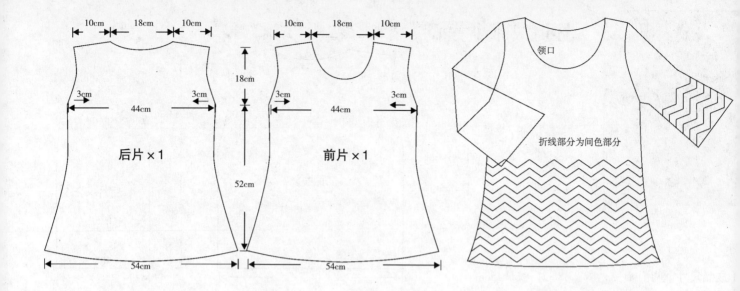

后片×1

前片×1

10cm　18cm　10cm

3cm　44cm　3cm

18cm

52cm

54cm

领口

折线部分为间色部分

拼好前幅和后幅后，在领口钩4行短针，1行红色，1行蓝色

×××××××××××××
×××××××××××××
×××××××××××××
×××××××××××××

衣身图样

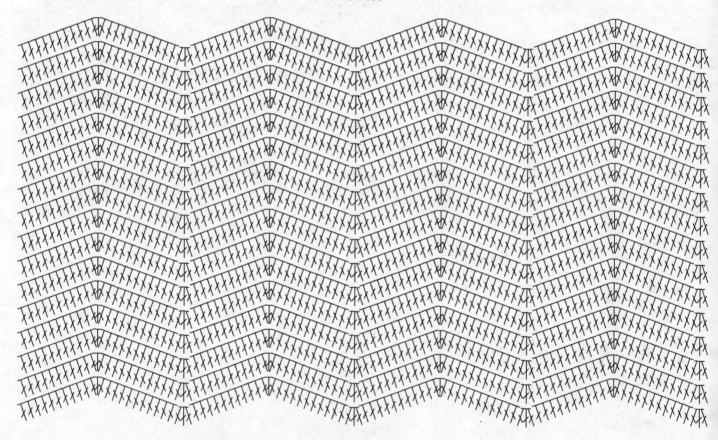

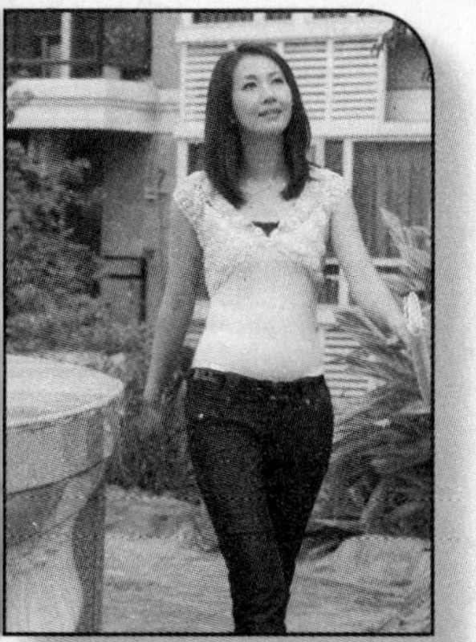

时尚拼花小外套

【成品尺寸】胸围88cm，长度39cm
【工　　具】1.5mm钩针
【材　　料】竹丝200g

符号说明：

+ =短针　　T =中长针
○ =锁针　　T̸ =长针

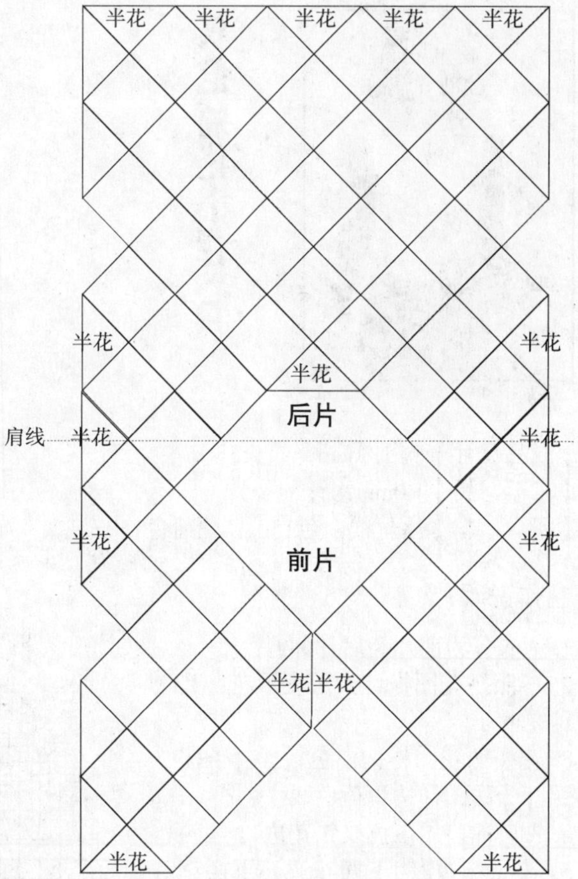

半花 半花 半花 半花 半花
半花 半花
半花
后片
肩线 半花 半花
半花 半花
前片
半花半花
半花 半花

袖口花边

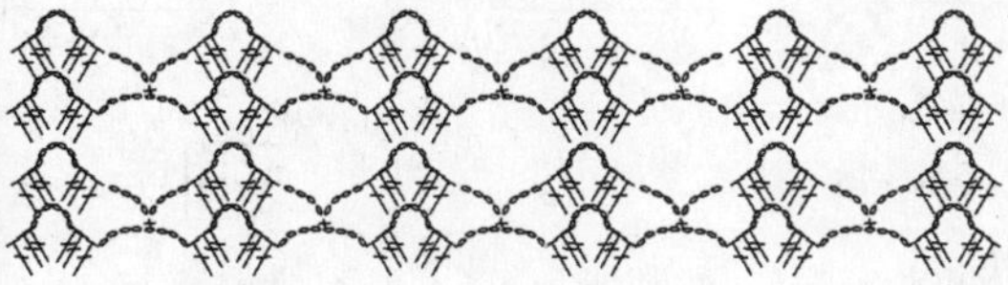

制作说明：

1. 按照大衣服的结构图，参照拼花图样拼花，衣服需要15个半花，67个全花。
2. 拼完衣服后，钩袖口花边和下摆领口的花边。

花边

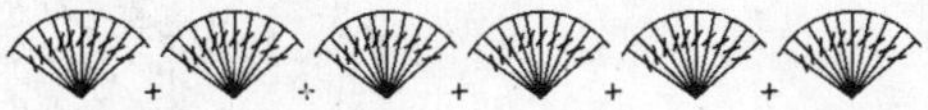

拼花图样

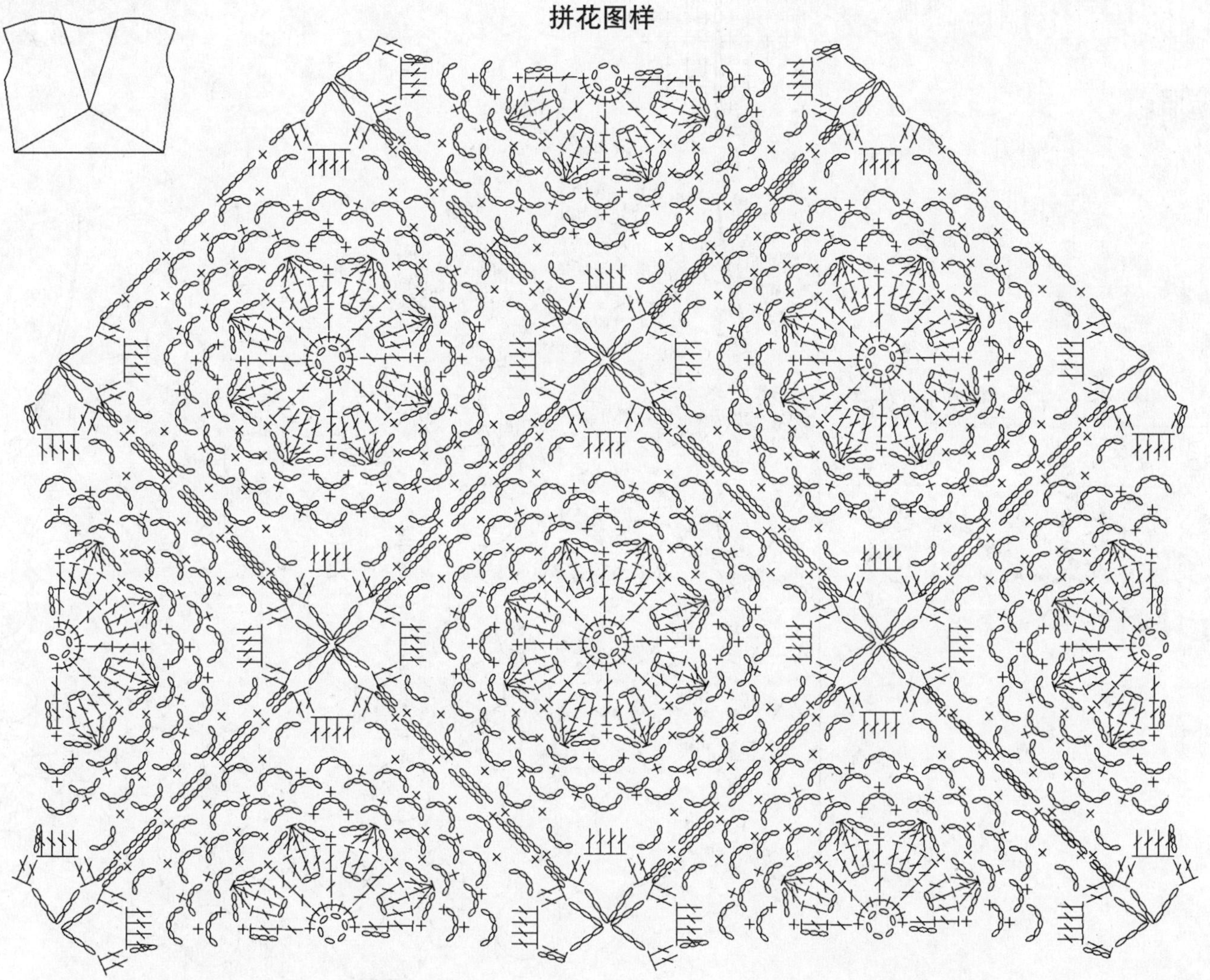

双色菊花小背心

【成品尺寸】胸围86cm，衣长53cm
【工　　具】1.0mm钩针
【材　　料】冰丝线白色150g，藕荷色150g

制作说明：

1. 上衣分为前片和后片共2片。
2. 参照拼花图样，大圆表示花，其他是叶子。
3. 花按照花图样钩白色线，叶子按照叶子的图样钩藕荷色线。
4. 领口袖口用白色线钩花边1。
5. 按照花边2钩下摆花边，下摆花边共14行，最后1行钩白色，其他是藕荷色。

符号说明：

+ =短针　　　T =中长针

o =锁针　　　$\overline{T}$ =长针

花边1

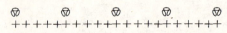

花边2

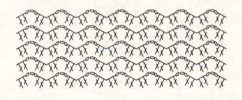

后片×1

9cm　19cm　9cm

花边2　花边2

18cm

3cm　　　　　3cm

35cm

花边1

43cm

前片×1

9cm　19cm　9cm

花边2　花边2

3cm　　　　　3cm

花边1

43cm

叶子图样

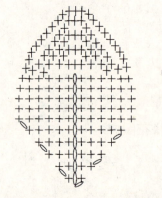

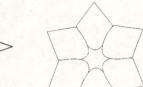

花图样

袖口　　　　　　　领口

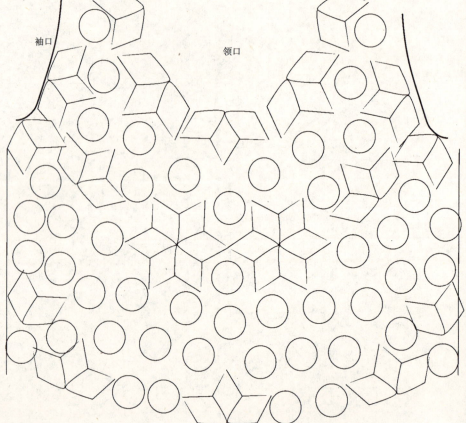

简单大方无袖衫

符号说明：

+ =短针　　　T =中长针

○ =锁针　　　$\bar{T}$ =长针

成品尺寸】 胸围88cm，衣长60cm

工　　具】 1.0mm钩针

材　　料】 冰丝线紫色230g，纽扣6枚

制作说明：

. 上衣分为前后片2片，按照图样钩前片，前片领口不
需减针，直接分开，在分开位置分6等份，缝上6枚纽
扣。

. 后片中线也是直接分开，不需加减针。

. 前后片侧缝拼合，肩拼合。

. 按照花边图样钩花边。

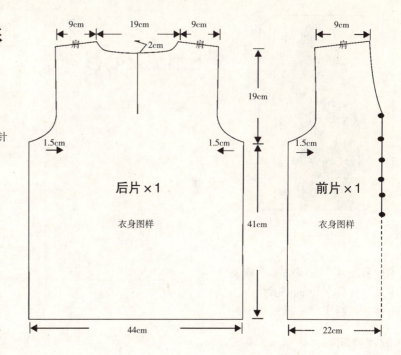

后片×1

衣身图样

前片×1

衣身图样

衣身图样

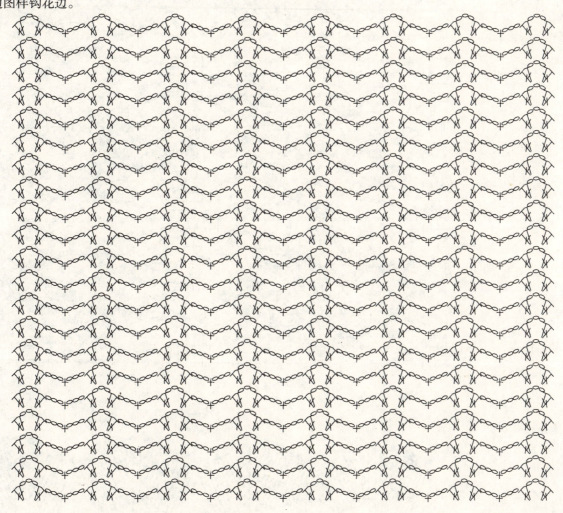

花边

全毛细绒无袖衫

【成品尺寸】 胸围86cm，衣长53cm
【工　　具】 1.0mm钩针
【材　　料】 全毛细绒线160g

制作说明：

1. 参照图样，先钩后片，衣
服长度53cm，宽度43cm。
2. 从两边侧缝分别向前钩，
依照图样把前片2片钩好。
3. 拼合肩和侧缝。
4. 按照花边1图样，钩领子和
门襟。
5. 按照花边2钩衣服下摆和袖
口花边。

符号说明：

+ =短针　　　 丅 =中长针

o =锁针　　　 Ŧ =长针

图样

花边1

花边2

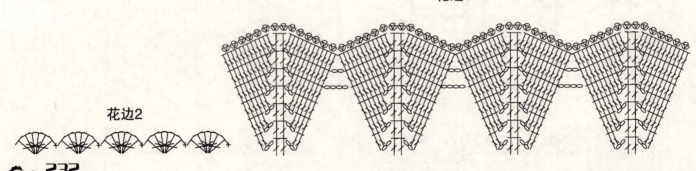

立体花淑女背心

【成品尺寸】胸围86cm，衣长53cm
【工　　具】0.7mm钩针
【材　　料】全棉线白色70g，藕荷
　　　　　　色20g，花色100g

制作说明：

1. 上衣分为前片和后片两片。

2. 参照前片图样，大圆表示大花，小圆表示小花。

3. 参照图样，钩立体花，立体花心是4个花瓣，每层加1花瓣，钩5层后为8个花瓣，为大花，小花只要最后1层是6个花瓣。

4. 参照叶子图样钩叶子。

5. 后片领口处都是大花，其他和前片相同。

6. 不需要钩花边。

符号说明：

+ =短针　　　　Ŧ =中长针

o =短针　　　　Ŧ =长针

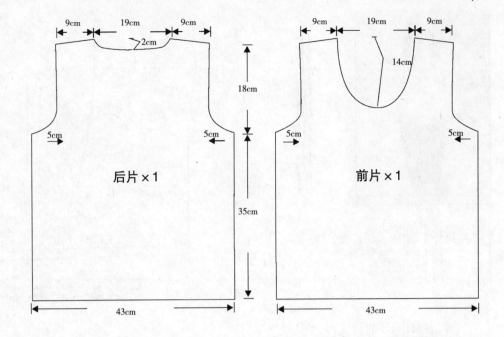

后片×1

前片×1

图样

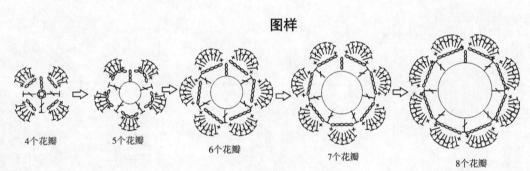

4个花瓣　5个花瓣　6个花瓣　7个花瓣　8个花瓣

注：除了4个花瓣的花心看得见外，其他花瓣下面的长针和短针都隐藏在花瓣下面。

结果图

大花图样

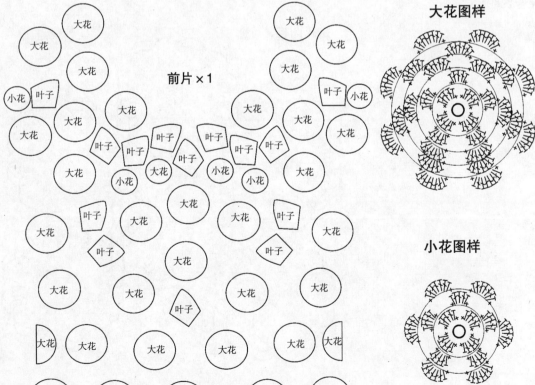

前片×1

大花、小花、叶子

叶子图样

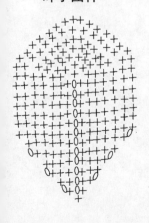

小花图样

立体花俏丽小坎肩

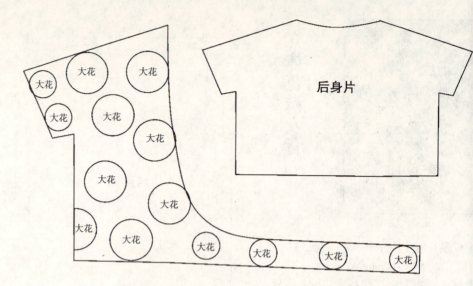

后身片

花边

【成品尺寸】胸围86cm，衣长35cm
【工　　具】0.7mm钩针
【材　　料】全棉细线140g

制作说明：

1. 上衣分为前片2片和后片1片。

2. 参照图样，钩立体花，大花5层，小花3层，都是6瓣立体花。

3. 参照前片图样，大圆表示大花，小圆表示小花，按照拼花图样用大网眼拼前片。

4. 袖口和前片的两条绑带用小花连接。

5. 后片除了袖口用小花外，其他用大花连接。

符号说明：

+=短针　　　　T=中长针

o=锁针　　　　T=长针

小花

大花

拼花图样

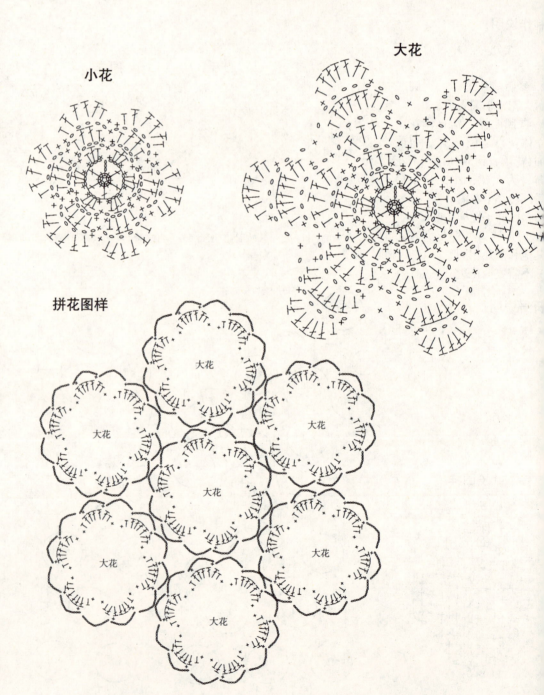

甜美时尚公主衫

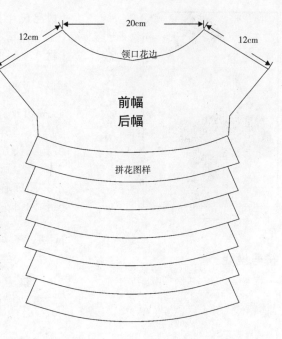

20cm

12cm 12cm

领口花边

前幅
后幅

拼花图样

【成品尺寸】 胸围90cm，衣长60cm
【工　具】 1.0mm钩针
【材　料】 白色冰丝线400g

制作说明：

1. 上衣从领口到下摆总共9行花，肩3行花，肩到下摆6行花。

2. 按照花图样，钩织小方形花，20朵成1圈，上下加边成1条，身6条，按照自身喜欢的长度，可自行加减。

3. 肩3条花分别是从领口起，第1行16朵，第2行24朵，第3行，32朵花。

4. 按照连接图样，连接每行花，从下往上用大网眼连接。

5. 按照领口花边图样，钩领口花边。

符号说明：

+ =短针　　　　Ｔ =中长针

○ =锁针　　　　♀ =长针

花图样

1. 起8针锁针。

2. 钩12针短针。

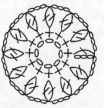

3. 在每针短针上，钩2针长针在一起，间隔3针锁针。重复12次。

拼花图样

每层花下面连接图样

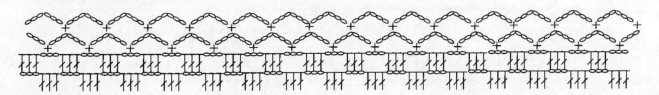

领口花边图样

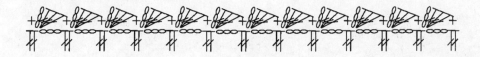

可爱花边短外套

【成品尺寸】袖长36cm，肩宽36cm
【工　　具】1.5mm钩针
【材　　料】三七混纺毛线

制作说明：

1. 按照衣身图样，从袖口钩起，先钩1个长方形的结构，宽度为（13.5×2）cm，长度为（36+36+36）cm。

2. 钩完长方形后，拼合前1个36cm和后1个36cm，这样袖子就有了。

3. 剩下中间的36cm长度的缺口，围绕这个缺口按照衣身图样钩20行的长度。

4. 按照扇形花边钩衣服下摆，前后两边一共16个扇形。

5. 钩袖口花边，钩5行短针，并在最后1行做短针凸编。

符号说明：

+ =短针　　　　　T =中长针

o =锁针　　　　　$\overline{T}$ =长针

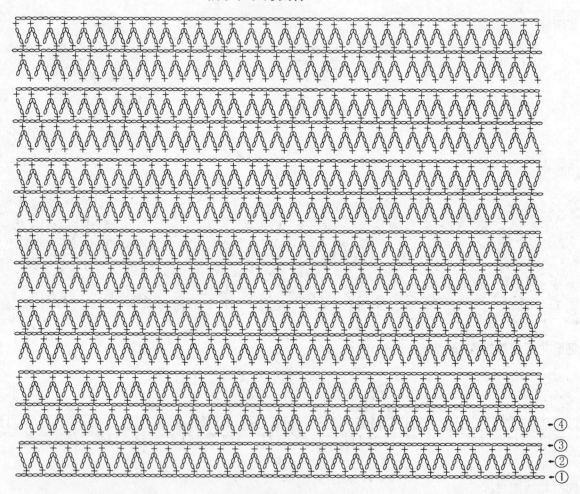

袖子和衣身图样

下摆扇形花边

可爱清纯小背心

【成品尺寸】 腰围58cm，肩宽
37cm，衣长47cm

【工　　具】 1.5mm钩针

【材　　料】 三七混纺毛线

制作说明：

1. 上衣左右2边由2个不完全的圆花组成，再围绕圆花钩花边。

2. 按照圆花的钩法，钩2个圆花，腋窝下面留下缺口。

3. 按照花边图样，围绕圆花钩花边，吊带部分先钩1条长的锁针连接圆花，然后一起钩花边，花边总共6行，每个单位增加1针。

4. 把左右2边钩好的部分拼接起来。

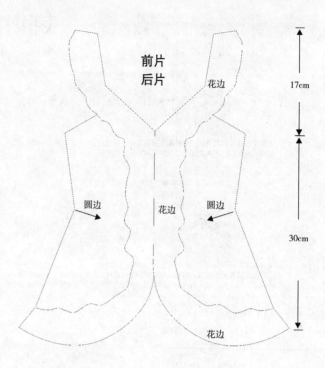

符号说明：

+ =短针　　　Ⓣ =中长针

○ =锁针　　　Ŧ =长针

圆花钩法

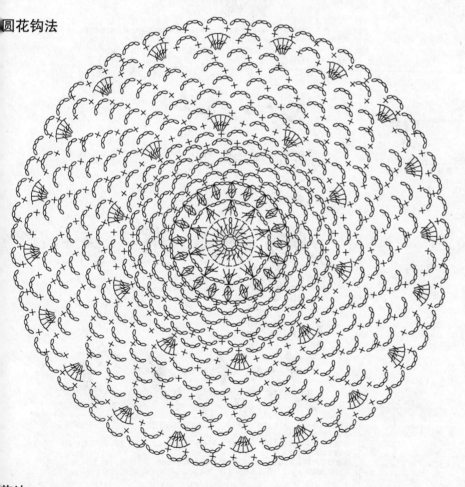

圆花钩法，先起8针锁针，在8针锁针里面钩20针长针，第3行钩3针长针在一起，3针锁针，重复10次，第4行，钩3针长针在一起，3针锁针，重复20次，第5行，钩1针短针，4针锁针，重复20次，重复5行，然后在1针短针上钩5针长针，1针短针，4针长针，重复10次。然后再钩5行鱼网针，在第6行再钩5针长针在一起，这5针长针在一起上面可以增加1个鱼网，这样钩3次5行的鱼网针，最后1次鱼网针需要钩8行。所以就有加针的效果，使圆形能够平面敞开。花边每行加1针，便有波浪效果。

花边

每行加1针，便有波浪效果

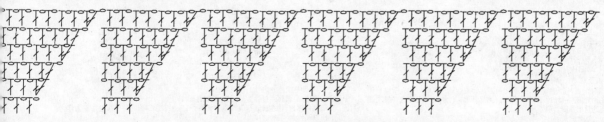

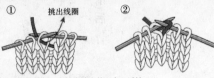

Ⅰ = 下针（又称为正针、低针或平针）

①将毛线放在织物外侧，右针尖端由前面穿入活结。
②挑出挂在右针尖上的线圈，同时此活结由左针滑脱。

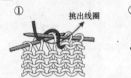 

一 或 □ = 上针（又称反针或高针）

①将毛线放在织物前面，右针尖端由后面穿入活结。
②挂上毛线并挑出挂在右针尖上的线圈，同时此活结由左针滑脱。上针完成。

O = 空针（又称为加针或挂针）

线在右针上绕1圈
①将毛线在右针上从下到上绕1次，并带紧线。
②继续编织下一个针圈。到次行时与其他针圈同样织。实际意义是增加了1针，所以又称为加针。

  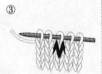

⋔ = 滑针

松开到上一行
挑出线圈
①将左针上第1个针圈退出并松开并滑到上一行（根据花形的需要也可以滑出多行），退出的针圈和松开的上一行毛线用右针挑出。
②右针从退出的针圈和松开的上一行毛线中挑出毛线使这形成1个针圈。
③继续编织下一个针圈。

Ⅴ = 上浮针

线放到织物前面，针圈挑到右针上　毛线在前面横过再放到织物后面
①将毛线放到织物前面，第1个针圈不织挑到右针上。
②毛线在第1个针圈的前面横过后，再放到织物后面。
③继续编织下一个针圈。

V = 下浮针

线放到织物前面，针圈挑到右针上　毛线在后面横过
①将毛线放在织物后面，第1个针圈不织挑到右针上。
②毛线在第1个针圈的后面横过。
③继续编织下一个针圈。

Ⅴ 或 Ⅴ = 左加针

右针从前向后插入并挑出线圈　继续织左针挑起的这个线圈
①左针第1针正常织。
②左针尖端先从这针的前一行的针圈中从后向前挑起针圈，针从前向后插入并挑出线圈。实际意义是在这针的左侧增加了1针。
③继续织左针挑起的这个针圈。

Ω = 扭针

右针从后到前插入针圈，将这针扭转方向后再织。
挑出线圈
①将右针从后到前插入第1个针圈（将待织的这一针扭转）。
②在右针上挂线，然后从针圈中将线挑出来。
③继续往下织，这是效果图。

Ω = 上针扭针

右针按图示方向插入针圈，将这针扭转方向后再织上针。
挑出线圈
①将右针按图示方向插入第1个针圈（将待织的这一针扭转）。
②在右针上挂线，然后从针圈中将线挑出来。

 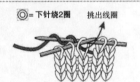

◉ = 下针绕3圈　挑出线圈　　**◎ = 下针绕2圈**　挑出线圈

在正常织下针时，将毛线在右针上绕3圈后从针圈中带出，使线圈拉长。　在正常织下针时，将毛线在右针上绕2圈后从针圈中带出，使线圈拉长。

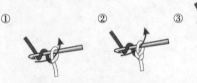

○ = 锁针

①先将线按箭头方向扭成1个圈，挂在钩针上。
②在①步的基础上将线在钩针上从上到下（按图示）绕1次并带出线圈。
③继续操作第②步，钩织到需要的长度为止。

✕ = 短针

①将钩针按箭头方向插入上一行的相应位置中。
②在①步的基础上将线在钩针上从上到下（按图示）绕1次并带出线圈。
③继续将线在钩针上从上到下（按图示）再绕1次并带出线圈。
④1针"短针"操作完成。

⊕ = 枣针（3针长针并为1针）

①将线先在钩针上从上到下（按图示）绕1次，再将钩针按前头方向插入上一行的相应位置中，并带出线圈。
②在①步的基础上将线在钩针上从上到下（按图示）绕1次并带出线圈。注意这时钩针上有两个针圈了。
③继续操作第②步两次，这时钩针上就有4个针圈了。
④将线在钩针上从上到下（按图示）绕1次并从这个针圈中带出线圈。1针"枣"操作完成。

λ 或 人 = 右上2针并为1针（又称为拨收1针）

挑出绒线
①第1针不织移到右针上，正常织第2针。
②再将第1针用左针挑起套在刚才织的第2针上面，因为有这个拨针的动力作用，所以又称为"拨收针"。

将针圈挑起套在第2针上

Ⅴ 或 Ⅴ =右加针

右针从前向后挑起线圈

① ② 挑起绒线 ③ 继续织左针上的第1针

①在织左针第1针前，右针尖端先从这针的前一行的针圈中从前向后插入。
②将毛线在右针上人下到上绕1次，并挑出绒线，实际意义是在这针的右侧增加了1针。
③继续织右针上的第1针。然后此活结由左针滑脱。

人 =中上3针并为1针

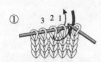

① 3 2 1 ②

①用右针尖从前往后插入左针的第2、第1针中。然后将左针退出。
②将绒线从织物的后面带过，正常织第3针。再用左针分别将第2针、第1针挑过套住第3针。

✕ 或 ✕ =1针下针右上交叉

① 2 挑出绒线 1 ② 2 ③ 1 2

①第1针不织移到曲针上，右针按箭头的方向从第2针针圈中挑出绒线。
②再正常织第1针（注意：第1针是在织物前面经过）。
③右上交叉针完成。

✕ 或 ✕ =1针下针左上交叉

① 2 挑出绒线 1 ② ③ 1 2

①第1针不织移到曲针上，右针按箭头的方向从第2针针圈中挑出绒线。
②再正常织第1针（注意：第1针是在织物前面经过）。
③左上交叉针完成。

✕ =1针扭针和1针上针右上交叉

① 2 1 ② 1 2 ③

①第1针暂不织，右针按箭头方向插入第2针针圈中。
②在①步的第2针针圈中正常织上针。
③再将第1针扭转方向后，右针从上向下插入第1针的针圈中带出线圈（正常织下针）。

✕ =1针左上套交叉

① ② 1 2 ③ ④

①将第2针挑起套过第1针。
②再将右针由前向后插入第2针并挑出线圈。
③正常织第1针。
④"1针左上套交叉"完成。

✕ =1针右上套交叉

① 2 1 ② 1 2 ③ ④

①右针从第1、第2针插入将第2针挑起从第1针的针圈中通过并挑出。
②再将右针由前向后插入第2针并挑出线圈。
③正常织第1针。
④"1针右上套交叉"完成。

人 或 ✕ =左上2针并为1针

① 2 1 挑起绒线 ② 左针退出

①右针按箭头的方向从第2、第1针插入两个针圈中，挑出绒线。
②再将第2针和第1针这两个针圈从左针上退出，并针完成。

✕ 或 ✕ =1针下针和1针上针左上交叉

 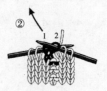

① 2 1 ② 1 2

①先将第2针下针拉长从织物前面经过第1针上针。
②先织好第2针下针，再来织第1针上针。"1针下针和1针上针左上交叉"完成。

✕ 或 ✕ =1针下针和1针上针右上交叉

 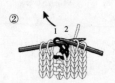

① 2 1 ② 1 2

①先将第2针上针拉长从织物后面经过第1针下针。
②先织好第2针上针，再来织第1针下针。"1针下针和1针上针右上交叉"完成。

✕ =1针扭针和1针上针左上交叉

① 2 1 ② 1 2

①第1针暂不织，右针按箭头方向插入第2针针圈中（这样操作后这个针圈是被扭转了方向的）。
②在①步的第2针针圈中正常织下针。然后再在第1针针圈中织上针。

✕ =1针下针和2针上针左上交叉

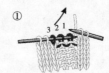 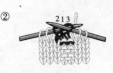

① 3 2 1 ② 2 1 3

①将第3针下针拉长从织物前面经过第2和第1针上针。
②先织好第3针下针，再来织第1针和第2针上针。"1针下针和2针上针左上交叉"完成。

✕ =1针下针和2针上针右上交叉

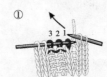 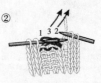

① 3 2 1 ② 1 3 2

①将第1针下针拉长从织物前面经过第2和第3针上针。
②先织好第2、第3针上针，再来织第1针下针。"1针下针和2针上针右上交叉"完成。

✕ =2针下针和1针上针右上交叉

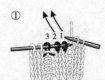 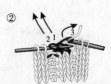

① 3 2 1 ② 2 1 3

①将第3针上针拉长从织物后面经过第2和第1针下针。
②先织第3针上针，再来织第1和第2针下针。"2针下针和针上针右上交叉"完成。

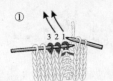 =2针下针和1针上针左上交叉

① ②

①将第1针上针拉长从织物后面经过第2和第3针下针。
②先织第2和第3针下针，再来织第1针上针。"2针下针和1针上针左上交叉"完成。

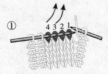 =2针下针右上交叉

① ②

①先将第3、第4针从织物后面经过并分别织好它们，再将第1和第2针从织物前面经过并分别织好第1和第2针（在上面）。
②"2针下针右上交叉"完成。

 =2针下针和右上交叉，中间1针上针在下面

① ②

①先织第4、第5针，再织第3针上针（在下面），最后将第2、第1针拉长从织物的前面经过后再分别织第1和第2针。
②"2针下针右上交叉，中间1针上针在下面"完成。

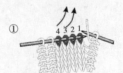 =2针下针左上交叉

① ②

①先将第3、第4针从织物前面经过分别织它们，再将第1和第2针从织物后面经过并分别织好第1和第2针（在下面）。
②"2针下针左上交叉"完成。

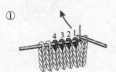 =3针下针和1针下针左上交叉

① ②

①先将第1针拉长从织物后面经过第4、第3、第2针。
②分别织好第2、第3和第4针，再织第1针。"3针下针和1针下针左上交叉"完成。

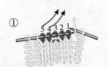 =2针下针左上交叉，中间1针上针在下面

① ②

①先将第4、第5针从织物前面经过，再分别织好第4、第5针，再织第3针上针（在下面），最后将第2、第1针拉长从上针的前面经过，并分别织好第1和第2针。
②"2针下针左上交叉，中间1针上针在下面"完成。

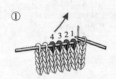 =3针下针和1针下针右上交叉

① ②

①先将第4针拉长从织物后面经过第4、第3、第2针。
②先织第4针，再分别织好第1、第2和第3针。"3针下针和1针下针右上交叉"完成。

 =3针下针右上交叉

① ②

①先将第4、第5、第6针从织物后面经过并分别织好它们，再将第1、第2、第3针从织物前面经过并分别织好第1、第2和第3针（在上面）。
②"3针下针右上交叉"完成。

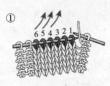 =3针左上套交叉针

① ②

①先将第4、第5、第6针拉长并套过第1、第2、第3针。
②再正常分别织好第4、第5、第6针和第1、第2、第3针"3针左上套交叉针"完成。

 =3针下针左上交叉

① ②

①先将第4、第5、第6针从织物前面经过并分别织好它们，再将第1、第2、第3针从织物后面经过并分别织好第1、第2和第3针（在下面）。
②"3针下针左上交叉"完成。

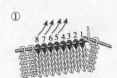
或
 =4针下针左上交叉

① ②

①先将第5、第6、第7、第8针从织物前面经过并分别织好它们，再将第1、第2、第3、第4针从织物后面经过并分别织好第1、第2、第3和第4针（在下面）。
②"4针下针左上交叉"完成。

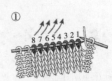
或
 =4针下针右上交叉

① ②

①先将第5、第6、第7、第8针从织物后面经过并分别织好它们，再将第1、第2、第3、第4针从织物前面经过并分别织好第1、第2、第3和第4针（在上面）。
②"4针下针右上交叉"完成。

〰 =3针右上套交叉针

①先将第1、第2、第3针拉长并套过第4、第5、第6针。
②再正常分别织好第4、第5、第6针和第1、第2、第3针"3针右上交叉针"完成。

⎯3⎯ 或 I O I =在1针中加出3针

①将毛线放在织物外侧,右针尖端由前面穿入活结,挑出挂在右针尖上的线圈,左针圈不要松掉。
②将毛线在右针上从下到上绕1次,并带紧线,实际意义是又增加了1针,左针圈仍不要松掉。
③仍在这1个针圈中继续编织①1次。此时右针上形成了3个线圈。然后此活结由右针滑脱。

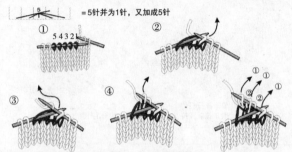

⎯5⎯ =5针并为1针,又加成5针

①右针由前向后从第5、第4、第3、第2、第1针(5个针圈中)插入。
②将毛线在右针尖端从下往上绕过,并挑出挂在右针尖上的线圈,左针5个针圈不要松掉。
③将毛线在右针上从下到上再绕1次,并带紧线,实际意义是又增加了1针,左针圈不要松掉。
④仍在这5个针圈中继续编织②和①各1次,此时右针上形成了5个针圈。然后这5个针圈由左针滑脱。

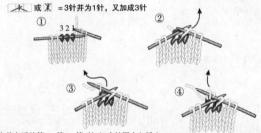

✕ 或 ✕ =3针并为1针,又加成3针

①右针由前向后从第3、第2、第1针(3个针圈中)插入。
②将毛线在右针尖端从下往上绕过,并挑出挂在右针尖上的线圈,左针3个针圈不要松掉。
③将毛线在右针上从下到上再绕1次,并带紧线,实际意义是又增加了1针,左针圈不要松掉。
④继续在这3个针圈中编织①1次,此时右针上形成了3个针圈。然后这3个针圈由左针滑脱。

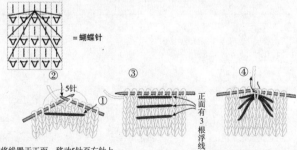

=蝴蝶针

①第1行将线置于正面,移动5针至右针上。
②第2针继续编织下针。
③第3、第4、第5、第6行重复第1、第2针,到正面有3根浮绒时织回到另一端。
④将第3针和前6行浮起的3根线一起编织下针。

正面有3根浮线

⊤ =长针

①将线先在钩针上从上到下(按图示)绕1次,再将钩针按箭头方向插入上一行的相应位置中,并带出线圈。
②在①步的基础上将线在钩针上从上到下(按图示)绕1次并带出线圈。注意这时钩针上只有1个针圈了。

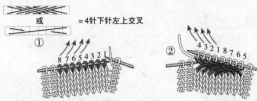

〰〰 或 〰〰 =4针下针左上交叉

①先将第5、第6、第7、第8针从织物前面经过并分别织好它们,再将第1、第2、第3、第4针从织物后面经过并分别织好第1、第2、第3和第4针(在下面)。
②"4针下针左上交叉"完成。

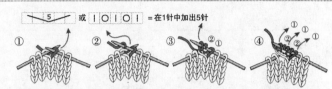

⎯5⎯ 或 I O I O I =在1针中加出5针

①将毛线放在织物外侧,右针尖端由前面穿入活结,挑出挂在右针尖上的线圈,左针圈不要松掉。
②将毛线在右针上从下到上绕1次,并带紧线,实际意义是又增加了1针,左针圈不要松掉。
③在这1个针圈中继续编织①1次。此时右针上形成了3个线圈。左针圈仍不要松掉。
④仍在这1个针圈中继续编织②和①各1次。此时右针上形成了5个线圈。然后此活动由左针滑脱。

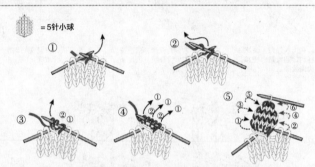

=5针小球

①将毛线放在织物外侧,右针尖端由前面穿入活结,挑出挂在右针尖上的线圈,左针圈不要松掉。
②将毛线在右针上从下到上绕1次,并带紧线,实际意义是又增加了1针,左针圈仍不要松掉。
③在这1个针圈中继续编织①1次。此时右针上形成了3个线圈。左针圈仍不要松掉。
④仍在这1个针圈中继续编织②和①1次。此时右针上形成了5个线圈。然后此活动由左针滑脱。
⑤将上一步形成的5个针圈按虚线箭头方向织3行下针。到第4行两侧各收1针,第5行下针,第6行织"中上3针并为1针"。小球完成后进入正常的编织状态。

〰〰〰 =6针下针和1针下针右上交叉

①先将第7针拉长从织物后面经过第6、第5……第1针。
②先织好第7针,再分别织好第1、第2……第6针。"6针下针和1针下针右上交叉"完成。

〰〰〰 =6针下针和1针下针左上交叉

①先将第1针拉长从织物后面经过第6、第5……第1针。
②分别织好第2、第3……第7针,再织第1针。"6针下针和1针下针左上交叉"完成。

∫ =拉针

先将右针从织物正面的任一位置(根据花形来确定)插入,挑出1个线圈来,然后和左针上的第1针同时织为1针。

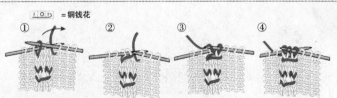

I O I =铜钱花

①先将第3针挑过第2和第1针(用针圈套住它们)。
②继续编织第1针。
③加1针(空针),实际意义是增加了1针,弥补①中挑过的那1针。
④继续编织第3针。

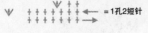

 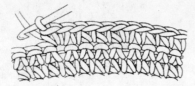 =1孔2短针

1. 在同一个地方，用2针短针钩线。

2. 完成的形状。

 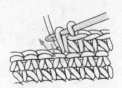 =2短针并1针

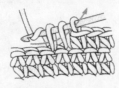 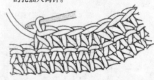

1. 依箭头方向插入钩针。

2. 钩出1针，然后从侧面的孔插入钩针。

3. 挂线后1次钩3针。

4. 完成的形状。

‖ = 长长针

 4针立起锁针

1. 钩出起针段。绕2圈线，将钩针插入第6针的洞，并钩出线圈。

2. 向钩针挂线，依箭头方向钩出线圈。

3. 再挂线，依箭头向钩出线圈。

4. 挂线后依箭头方向钩出线圈。

5. 完成的形状。

‖ = 长针

 3针立起锁针

1. 钩出起针段。挂线后将钩针插入第5针的油，并拉出1个圈。

2. 钩出毛线后，再挂线，依箭头方向钩出线圈。

3. 再挂线，依箭头方向钩出线圈。

4. 完成的形状。

 = 长针5针的枣针

1. 用长针钩法钩线。

2. 用长针钩法钩线5次。

3. 挂线后依箭头方向钩线。

4. 重新挂线，然后再钩线。

5. 完成的形状。

= 长针3针的枣针

1. 挂线，然后只钩2针。

2. 在一个地方重复3次，然后1次钩出所有的针。

3. 完成的形状。

= 长针的内钩针

= 长针的交叉针

1. 挂线，依箭头方向插入钩针。

2. 挂线后钩2针，再钩2针。

3. 完成的形状。

1. 用长针的钩法钩线。

2. 挂线后向前1针插入钩针。

3. 只钩2针。

 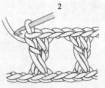

4. 再次钩2针。

5. 完成的形状。

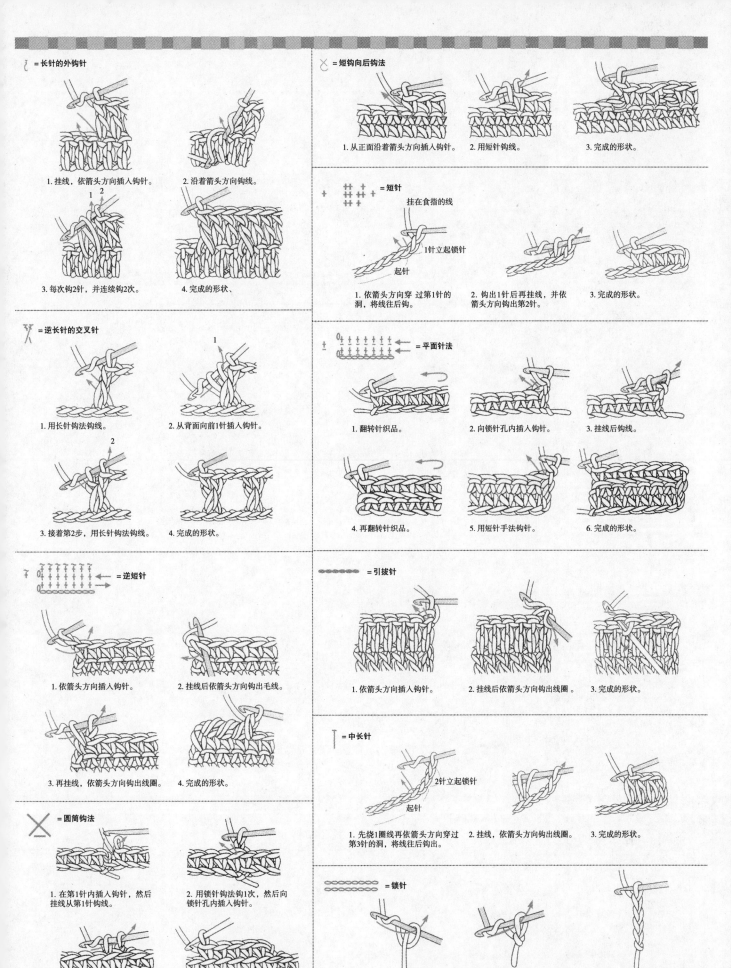

= 长针的外钩针

1. 挂线，依箭头方向插入钩针。

2. 沿着箭头方向钩线。

3. 每次钩2针，并连续钩2次。

4. 完成的形状、

= 逆长针的交叉针

1. 用长针钩法钩线。

2. 从背面向前1针插入钩针。

3. 接着第2步，用长针钩法钩线。

4. 完成的形状。

= 逆短针

1. 依箭头方向插入钩针。

2. 挂线后依箭头方向钩出毛线。

3. 再挂线，依箭头方向钩出线圈。

4. 完成的形状。

= 圆筒钩法

1. 在第1针内插入钩针，然后挂线从第1针钩线。

2. 用锁针钩法钩1次，然后向锁针孔内插入钩针。

3. 挂线后钩线。

4. 完成的形状。

= 短钩向后钩法

1. 从正面沿着箭头方向插入钩针。

2. 用短针钩线。

3. 完成的形状。

= 短针

挂在食指的线

1针立起锁针

起针

1. 依箭头方向穿 过第1针的洞，将线往后钩。

2. 钩出1针后再挂线，并依箭头方向钩出第2针。

3. 完成的形状。

= 平面针法

1. 翻转针织品。

2. 向锁针孔内插入钩针。

3. 挂线后钩线。

4. 再翻转针织品。

5. 用短针手法钩针。

6. 完成的形状。

= 引拔针

1. 依箭头方向插入钩针。

2. 挂线后依箭头方向钩出线圈。

3. 完成的形状。

= 中长针

2针立起锁针

起针

1. 先绕1圈线再依箭头方向穿过第3针的洞，将线往后钩出。

2. 挂线，依箭头方向钩出线圈。

3. 完成的形状。

= 锁针

1. 钩出线圈。

2. 从线圈钩出缠绕的毛线。

3. 根据所需的针数钩毛线。